Fischer/Ivanova/Reimann/Wendler
Bewerben als Führungskraft

Kienbaum-Arbeitsmittel als Kopiervorlagen

Für Ihre tägliche Arbeit stellen wir Ihnen alle wichtigen Arbeitsmittel am Ende des Buches als Kopiervorlagen zur Verfügung. So haben Sie die praxiserprobten und hilfreichen Gesprächsleitfäden, Checklisten und Fragebögen jederzeit zur Hand.

So gehen Sie vor: Vergrößern von DIN A5 auf DIN A4

Stellen Sie auf Ihrem Kopierer die Funktion „Vergrößern" und dann „von A5 auf A4" oder „um 141 %" ein, um die Vorlagen auf das Format DIN A4 zu kopieren.

Bibliografische Information der Deutschen Nationalbibliothek

Die Deutsche Nationalbibliothek verzeichnet diese Publikation in der Deutschen Nationalbibliografie; detaillierte bibliografische Daten sind im Internet über http://d-nb.de abrufbar.

ISBN 978-3-648-01148-5 Bestell-Nr. 04447-0001

Redaktionsanschrift: Fraunhoferstraße 5, 82152 Planegg/München
Telefon: (089) 895 17-0
Telefax: (089) 895 17-290
www.haufe.de
online@haufe.de
Produktmanagement: Dipl.-Kffr. Kathrin Salpietro

Gesamtbetreuung und Konzeption: Ulrich Leinz, 10829 Berlin
Redaktion: Kristina Frenzel, 14197 Berlin
Satz: Peter Böke, 10825 Berlin
Umschlag: Grafikhaus, 80469 München
Druck: fgb · freiburger grafische betriebe, Freiburg

Zur Herstellung der Bücher wird nur alterungsbeständiges Papier verwendet.

Bewerben als Führungskraft

Professionalität zeigen, vom Mainstream abheben

Carolin Fischer
Zornitza Ivanova
Michaela Reimann
Irina Wendler

Matthias T. Meifert
(Herausgeber)

Haufe Mediengruppe
Freiburg · Berlin · München

Inhaltsverzeichnis

Vorwort des Herausgebers

Früher, ja früher war die Welt noch in Ordnung: Mit der Lehre begann die Berufskarriere in einem Unternehmen und man blieb. Das Prinzip der lebenslangen Treue war das Maß aller Dinge. Gern wurde auch der Staffelstab von einer Generation an die nächste weitergegeben. Der Wechsel aus dem Betrieb in einen anderen war die Ausnahme und wurde nicht selten als Sündenfall stigmatisiert. Organisationen waren bestimmt von personeller Kontinuität. Heute, ja heute liegen die Dinge anders. Schnelle Innovationszyklen, radikale Transformationen und eine hohe Marktdynamik lassen viele Organisationen nicht mehr zur Ruhe kommen. In der Folge sind die Führungskräfte und Mitarbeiter herausgefordert. Veränderungen gehören zu ihrem Alltag. Dies gilt nicht nur für die Organisation an sich, sondern auch für die Menschen, die in ihr arbeiten. In den letzten Jahren ist die Verweildauer von Führungskräften auf ihren Positionen deutlich gesunken. Der Arbeitsplatzwechsel ist nicht mehr eine Ausnahme, sondern die Regel. Die Frage ist nicht, ob er kommt. Die Frage ist vielmehr, wann er kommt.

Das vorliegende Buch dient als Begleiter beim Arbeitsplatzwechsel. Sei es, dass Sie auf der Suche nach einer neuen beruflichen Herausforderung sind, sich aufgrund personeller Veränderungen dazu gezwungen sehen, die Perspektiven neu zu adjustieren, oder Sie sich einfach vorbereiten wollen auf einen möglichen „Ernstfall". Zuverlässig wird Ihnen dieses Buch praktische Hinweise und Anregungen liefern. Alle Autoren sind erfahrene Berater von Führungskräften, die sich in beruflichen Veränderungen befinden. Es gelingt ihnen besonders gut, ihr umfangreiches Praxiswissen zu übersetzen und für den Alltag umsetzbar zu machen.

„Bewerben als Führungskraft" ist konzipiert als Arbeitsbuch, als Ihr Arbeitsbuch. Viele Übungen und Checklisten laden zur Selbstreflexion und Anwendung des Geschriebenen ein. Die Autoren zeigen Ihnen, wie Sie Ihre Stärken und Schwächen erkennen, Ihre Kompe-

tenzen wahrnehmen und sicher beschreiben lernen. Sie helfen Ihnen, Ihr nächstes berufliches Ziel zu definieren und Ihren Mehrwert, der Sie von anderen unterscheidet, sympathisch zu kommunizieren. Auf den folgenden Seiten erfahren Sie außerdem, wie Sie Ihre Differenzierungsmerkmale konkret und authentisch präsentieren und mit Ihren Vorzügen schriftlich und mündlich überzeugen.
Ich wünsche Ihnen eine informative Lektüre und viel Erfolg beim Umsetzen der Anregungen. Mögen mit Hilfe dieses Buches Ihre (beruflichen) Pläne, Wünsche und Erwartungen weiter in Erfüllung gehen. Anregungen und Hinweise zum Buch sind uns sehr willkommen. Unsere Kontaktdaten finden Sie im Abschnitt „Autoren".

Matthias T. Meifert

Mitglied der Geschäftsleitung & Partner der Managementberatung Kienbaum
Herausgeber der Edition Kienbaum bei Haufe

1 Entwickeln Sie Ihr Profil

In der Malerei bedeutet ein Profil zu zeichnen, mit dem individuellen Schwung einer Linie die Seitenansicht eines Gesichtes von der Umgebung abzuheben. Der Künstler zieht eine Grenze zwischen Person und Umwelt, zwischen innen und außen. Erst in dieser Differenzierung, durch diese Kontur werden beide „eigenständig". Übertragen wir dieses Bild auf die Bewerbungssituation, besteht Ihre Aufgabe jetzt darin, Ihre Kompetenzen klar von denen anderer Führungskräfte abzugrenzen.

Und wie bei einem Porträt ist auch jedes Kompetenzprofil „eigen" und konturiert – es kommt nur noch darauf an, es sichtbar zu machen und nachvollziehbar zu beschreiben. Zeigen Sie Ihre „Konturen", das, was Sie gut können, und das, was Sie weniger gut können. Stärken und Schwächen sind die Grundlage Ihres Kompetenzprofils und machen zusammen Ihre individuelle Attraktivität und Einzigartigkeit aus. In diesem Kapitel geht es darum, Ihre „Konturen" sichtbar werden zu lassen, Ihr Selbstbild herauszuarbeiten, Ihre Stärken wahrzunehmen und darauf aufbauend Ihre fachlichen Schlüsselqualifikationen zu erarbeiten und Ihr berufliches Ziel zu definieren.

Abbildung: Entwickeln Sie Ihr Profil

1.1 Wie schätzen Sie sich selbst ein?

Eine genaue Selbsteinschätzung mit anschließender Auswertung hilft Ihnen dabei, potenziellen Arbeitgebern gegenüber Ihre Qualifikationen klar und überzeugend vorzubringen. Dazu sollten Sie sich selbst besser kennen und vor allem auch beschreiben lernen. Nutzen Sie für Ihre Selbsteinschätzung die folgende Vorlage.

Selbsteinschätzung

	Ausprägung						
	schwach						stark
Eigenschaft	0	1	2	3	4	5	6
authentisch							
belastbar							
beharrlich							
begeisterungsfähig							
einfühlsam							
entschlossen							
agil							
sozial							
ausgeglichen							
gewissenhaft							
schnelle Auffassungsgabe							
tiefe Fachkenntnisse							
Organisator							
kommunikationsfreudig							
konfliktfähig							
kreativ							
fordert sich selbst							
analytisch							
sympatisch							
durchsetzungsstark							
zielstrebig							
zuverlässig							
unkonventionell							
offen							

optimistisch							
pragmatisch							

Erkennen Sie Ihre persönlichen Stärken

Vielleicht fragen Sie sich, was Sie in einem neuen Aufgabengebiet anzubieten haben. Neben Ihrem Fachwissen sind es immer auch Ihre persönlichen Stärken. Diese Charaktereigenschaften werden von den fachlich-inhaltlichen Schlüsselqualifikationen unterschieden.

Persönliche Stärken werden schon in unserer frühen Kindheit ausgebildet und selbst beim erwachsenen Menschen durch seine Lebenserfahrung noch weiterentwickelt. Fachlich-inhaltliche Schlüsselqualifikationen sind die Basis unserer „technischen" Fähigkeiten. Sie werden bei den verschiedensten Aufgaben angewandt, sind übertragbar und beziehen sich auf unseren Umgang mit Personen, Daten, Dingen und Fakten.

Lesen Sie die Stellenanzeigen und Sie finden bei fast allen Ausschreibungen entsprechende Schlüsselqualifikationen aufgeführt. Oft werden diese nicht direkt abgefragt, jedoch ist der Kandidat im Vorteil, der seine fachlich-inhaltlichen Schlüsselqualifikationen und persönlichen Stärken kennt und sie zum richtigen Zeitpunkt bei der Darstellung seiner Erfolge geschickt in das Gespräch einbringen kann.

Erstellen Sie also eine Liste

- Ihrer fachlich-inhaltlichen Schlüsselqualifikationen und
- Ihrer persönlichen Stärken. (Nutzen Sie dazu auch den Selbsteinschätzungsbogen auf der vorhergehenden Seite.)

Im Folgenden finden Sie einige Beispiele.

Beispiel: Fachlich-inhaltliche Schlüsselqualifikationen

- Ich kenne das SAP-Modul Materialwirtschaft und habe für die Muster AG Template-Prozesse für den Einkauf von Lohn- und Handelswaren sowie die Intercompany-Beschaffung mit entwickelt.
- Ich habe fundiertes Wissen über das SAP-Berechtigungskonzept.
- Ich kenne die Prozesse des Forderungsmanagements im Bereich Finanzen sehr gut.

- Ich habe Erfahrungen mit der Etablierung von Prozessen unter Einbeziehung von Shared Service Centern.

- Ich habe ein solides Verständnis von betriebswirtschaftlichen Prozessen über Abteilungsgrenzen hinaus, insbesondere, was die prozessuale Verzahnung der Bereiche Finanzen, Produktion und CRM angeht.
- Ich bin ein erfahrener Projektmanager.
- Als Applikationsverantwortlicher habe ich alle Aspekte des Betriebs einer Applikation kennen gelernt und ITIL-Prozesse etabliert.
- Ich bin es gewohnt, in einem internationalen Umfeld zu arbeiten, d. h. mit Angehörigen unterschiedlicher Kulturen und in Englisch zu kommunizieren.
- Ich kann meine Französischkenntnisse so weit ausbauen, dass ich auch Projekte in französischer Sprache durchführen kann.

Beispiel: Persönliche Stärken

- Ich arbeite sehr analytisch und mit dem Ziel, Probleme vollständig zu verstehen und Lösungen zu erarbeiten, die den größtmöglichen Nutzen für alle Beteiligten bringen.
- Ich bin in der Lage, komplexe Zusammenhänge durch Einbeziehung der jeweiligen Experten zu verstehen, darzustellen und anderen verständlich zu machen.
- Ich arbeite mit großem persönlichem Engagement an der Erfüllung meiner Aufgaben.
- Ich bin in der Lage, ein Team auch unter zeitlich engen Rahmenbedingungen zu Höchstleistungen zu motivieren.
- Ich habe grundsätzlich die ökonomischen Auswirkungen meines Handelns im Blick.

Wenn nach Ihren Schlüsselqualifikationen gefragt wird, ist dies meistens eine Einladung an Sie, über Ihre Erfolge zu sprechen (siehe dazu auch das Extra STAR-Technik ab S. 29) und vor allem den für das betreffende Interview relevanten Erfolg im Zusammenhang mit der gesuchten Schlüsselqualifikation zu nennen. Ein erfahrener und gut vorbereiteter Bewerber kann auch im Interviewstress die geforderten Schlüsselqualifikationen im Rahmen seiner Erfolge ansprechen, denn er hat sich schriftlich ein Inventar erstellt, das er einstudiert hat und im Interview spontan abrufen kann.

Wie Sie mit Ihren Schwächen selbstsicher umgehen

Insbesondere von Führungskräften wie Ihnen wird verlangt, dass Sie nicht nur andere Menschen, sondern auch sich selbst einschätzen können. Zum Selbstbewusstsein gehört auch das Verständnis Ihrer Schwächen.

Natürlich brauchen Sie im Interview nicht viele Schwächen anzugeben – eine reicht. Es sollte jedoch nicht die so genannte „Standardschwäche“ sein: „Ich fordere viel von mir selbst und verlange dasselbe von meinem Umfeld. Diese Grundeinstellung beeinflusst oft auch meine Mitarbeiter negativ ...“ Diese Geschichte kennen mittlerweile alle Personaler.

Das Wichtigste ist, dass Sie Ihre Schwächen erkennen und festlegen, wie Sie mit diesen Schwächen umgehen. Dadurch beweisen Sie Ihr Reflexionsvermögen. Kommunizieren Sie im Interview, dass Sie offen für Feedback und immer gewillt sind, nicht nur Ihre Stärken auszubauen, sondern auch Ihre Schwächen systematisch zu reduzieren.

Beispiel: Schwächen im Vorstellungsgespräch darstellen

Zaghaft auf andere zugehen

Es fällt mir manchmal etwas schwer, auf Leute, die ich nicht kenne, zuzugehen. Dies ist eine Schwäche, weil ich damit sicherlich nicht der aktive, aggressive Verkaufstyp bin, der in manchen Situationen benötigt wird. Immer dann, wenn mir das bewusst wird, zwinge ich mich ganz bewusst, auf Menschen zuzugehen.

Schwer Nein sagen können

Auch bei hoher Arbeitsbelastung fällt es mir gegenüber Kollegen schwer, eine Bitte um Hilfe abzulehnen, selbst wenn es für mich noch mehr Arbeit bedeutet. Dies ist eine Schwäche, weil ich dabei Gefahr laufe, meine eigenen Prioritäten hintenanzustellen. Immer dann, wenn mir das bewusst wird, frage ich mich, ob ich die zusätzliche Arbeit leisten kann, ohne meine eigenen Anliegen zu vernachlässigen.

Neues zögerlich aufnehmen

In manchen Situationen nehme ich Neues zögerlich auf. Dies ist eine Schwäche, weil dadurch in Situationen, in denen Spontaneität angebracht ist, Bedenken den Ablauf blockieren könnten. Immer dann, wenn mir dies bewusst wird, frage ich mich, in welchen Situationen es auftritt, und setze mich mit diesen ganz bewusst auseinander.

An eigenen Vorstellungen festhalten

Gelegentlich gibt es Momente, in denen ich es vorziehe, an meinen Vorstellungen festzuhalten. Dies ist eine Schwäche, weil dadurch unter Umständen andere Gedankengänge blockiert werden. Immer dann, wenn mir dies bewusst wird, nehme ich mich zurück und höre meinem Gegenüber aufmerksam zu, um dessen Ansichten zu erfahren und eine andere Sichtweise zu erlangen. Wenn ich jedoch zu der Erkenntnis komme, dass nach Abwägung aller Möglichkeiten mein Standpunkt der adäquate ist, versuche ich ihn auch durchzusetzen.

Aufgaben aufschieben

Eine meiner Schwächen ist, dass ich unangenehme administrative Routineaufgaben oft zu lange vor mir herschiebe. Das ist eine Schwäche, weil ich dann unnötigerweise unter Druck gerate und Gefahr laufe, Fehler zu machen, die mir sonst nicht unterlaufen würden. Immer wenn mir das bewusst wird, setze ich mir genau festgelegte Ziele für administrative Arbeiten.

Zu diplomatisch in fachlichen Diskussionen sein

In fachlichen Diskussionen bin ich manchmal zu geduldig beim Anhören von Argumentationsketten, die eigentlich nicht relevant sind. Das ist eine Schwäche, weil es sehr zeitaufwendig ist und nicht effizient zur Problemlösung führt. Immer wenn mir das bewusst wird, ermahne ich mich und die Teilnehmer, uns auf das Wesentliche zu besinnen.

Spontane Überreaktion bei unpassendem Auftreten von Kunden, Kollegen oder Mitarbeitern

Wenn ein Kunde, Kollege oder Mitarbeiter sich unpassend verhält oder eine Situation über Gebühr zu seinem Vorteil ausnutzen will, neige ich manchmal zu verbalen Überreaktionen. Das ist eine Schwäche, weil dann meine Verhandlungsbasis unnötig geschwächt wird und oft kein optimales Ergebnis erreichbar ist. Immer wenn mir eine solche Situation bewusst wird, gebe ich meinem Gegenüber nicht sofort eine Antwort, sondern bitte ihn, mir etwas Zeit zum Überlegen einzuräumen, um später wieder auf ihn zuzukommen.

1.2 Wie schätzen andere Sie ein?

Zu einer präziseren Standortbestimmung bedarf es aus unserer Erfahrung neben der Selbsteinschätzung eines oder mehrerer Sparringspartner. Diesen können Stärken an Ihnen auffallen, die für Sie selbstverständlich und Ihnen daher nicht bewusst sind.
Bitten Sie einen oder mehrere Kollegen Ihres Vertrauens, eine Fremdeinschätzung für Sie abzugeben. Dazu können Sie die Vorlage auf der nächsten Seite verwenden.
Vergleichen Sie dann Ihre Selbst- und die Fremdeinschätzung. Inwieweit ähneln sie sich? Reflektieren Sie insbesondere auffallende Unterschiede – gemeinsam mit dem jeweiligen Kollegen oder mit einem Karriereberater. Die Auswertung hilft Ihnen zu entscheiden, ob Sie etwas an Ihrem Verhalten ändern wollen.

Fremdeinschätzung

	Ausprägung						
	schwach						stark
Eigenschaft	0	1	2	3	4	5	6
authentisch							
belastbar							
beharrlich							
begeisterungsfähig							
einfühlsam							
entschlossen							
agil							
sozial							
ausgeglichen							
gewissenhaft							
schnelle Auffassungsgabe							
tiefe Fachkenntnisse							
Organisator							
kommunikationsfreudig							
konfliktfähig							
kreativ							
fordert sich selbst							

	Ausprägung						
	schwach						stark
Eigenschaft	0	1	2	3	4	5	6
analytisch							
sympatisch							
durchsetzungsstark							
zielstrebig							
zuverlässig							
unkonventionell							
offen							
optimistisch							
pragmatisch							

Machen Sie sich Ihre Ressourcen bewusst

Sie haben nach Ihrer Standortbestimmung eine klare Vorstellung davon, wo Ihre Stärken und Schwächen liegen, und können Ihre Kernkompetenzen benennen. Nun folgt der nächste Schritt auf der Suche nach Ihrem beruflichen Ziel, das Sie realisieren wollen.

Berufliche Veränderung in Ihrer bisherigen Branche

Diejenigen unter Ihnen, die bereits wissen, dass es wieder eine vergleichbare oder eben die nächsthöhere Position in derselben Branche sein soll, werden ihr Ziel leicht aus dem bisherigen beruflichen Werdegang ableiten können. Eine professionelle Recherche in der Branche, die Sie kennen, liefert die nötigen Inspirationen für den nächsten Karriereschritt. In den folgenden Kapiteln bereiten wir Sie systematisch darauf vor, dieses naheliegende Ziel anzusteuern. Hilfreiche Leitfragen dazu sind:

- Wie hat sich Ihre Karriere entwickelt? (Ausbildung, Berufseinstieg, Arbeitgeber, Dauer der Beschäftigung, Funktionsbezeichnung, Führungsverantwortung, Aufgaben, Gehalt etc.)
- Was hat Sie an den konkreten beruflichen Stationen gereizt? Was hat Sie zufrieden gemacht? Was hat Ihnen gefallen? Was hätten Sie sich anders gewünscht und wie?

- Aus welchen Gründen haben Sie Ihre Positionen gewechselt?
- Was erwarten Sie von Ihren nächsten beruflichen Positionen? Was ist Ihnen wichtig, was möchten Sie vermeiden?

Größere berufliche Veränderungen

Eine neue Anstellung in derselben Branche zu finden, ist jedoch nur eine Möglichkeit von vielen. Zahlreiche Manager nutzen die Phase der beruflichen Neuorientierung bewusst zu einer Erweiterung ihrer Perspektiven, einer Vervielfachung der Wahlmöglichkeiten. Sie sind neugierig, welche Optionen und Aufgaben sich über das bereits Bekannte hinaus erschließen lassen, und wünschen sich Zeit, um Alternativen zu entwickeln, an die sie bisher noch nicht gedacht haben. Andere wiederum sind unzufrieden mit ihrem Aufgabenspektrum, ihrer aktuellen Position, vermissen ausreichenden Gestaltungsspielraum, haben das Gefühl, zu stagnieren, sind in hohem Maße wechselwillig, aber wissen nicht genau, wohin es gehen soll. Sie spüren den Impuls, das Alte zu verlassen, haben aber keine Idee, wie sie ihrem zukünftigen Ziel auf die Spur kommen können, um langfristig erfolgreich und zufrieden zu sein.
Wo immer Sie auch stehen: In den folgenden Kapiteln erarbeiten wir gemeinsam Ihr nächstes Karriereziel, das zu Ihren Kompetenzen passt, Ihre Wünsche und Anforderungen erfüllt und mit dem Sie gut vorbereitet an den Markt gehen können.

Was Sie gern tun und gut können

Hinweise zum nächsten passenden Karriereschritt hinsichtlich Position und Branche liegen in Ihren Kenntnissen, Fähigkeiten und Kompetenzen, die Sie im Laufe Ihres Berufslebens erworben haben und die sich über Zeugnisse, Zertifikate, Titel und Abschlüsse darstellen lassen. Vor allem Ihre beruflichen Vorlieben spielen eine wichtige Rolle und geben Aufschluss darüber, welches Aufgabenspektrum zu Ihnen passt. Weitere Zugänge bieten Ihre persönlichen Werte und das, was Sie privat gern tun und gut können, was Ihnen Freude macht und was Sie mit Leidenschaft verfolgen. Das können Hobbys sein wie Sport, Motorradfahren oder Klavierspielen, technische Tüfteleien, künstlerische Aktivitäten oder ehrenamtliche Engagements, Aufgaben in der Familie, der Nachbarschaft, im Freundeskreis und vieles mehr. Bei all diesen Tätigkeiten bilden Sie übertragbare Schlüsselqualifikationen aus, die zum einen für zukünftige Arbeitgeber relevant sind und zum anderen oft Wegweiser zu neuen Aufgabenfeldern jenseits der gewohnten Bereiche sind. Dies soll an einem Beispiel verdeutlicht werden.

Beispiel: Persönliche Vorlieben erkennen

Herr Dr. S. war seit Jahren Corporate Financial Officer im Vorstand einer großen Versicherung, als er in die NewPlacement-Beratung kam. Er liebte seine Führungsaufgabe, die Möglichkeit, die Potenziale seiner Mitarbeiter zu entwickeln, Teams zu koordinieren und die Mannschaft zum Erreichen der ambitionierten Ergebnisse zu motivieren. Allerdings spürte er eine wachsende Unzufriedenheit mit seinem Arbeitsumfeld in der Versicherungswirtschaft und hatte keine Vorstellung davon, welche Branchen für ihn als Alternativen in Frage kämen. Er war seit Jahren in der Versicherungswirtschaft tätig und konnte diesbezüglich auf ein umfangreiches Branchenwissen und zahlreiche Kontakte zurückgreifen. Als wir uns mit seinen Hobbys und persönlichen Werten beschäftigten, wurde schnell deutlich, dass die Versicherungswelt ihm zu formal und zu konservativ geworden war. In seiner Freizeit bestieg er Berge, fuhr leidenschaftlich gern Ski, segelte und war bei jedem Wetter am liebsten in der Natur. Dazu passten sein naturwissenschaftliches Studium und seine persönlichen Werte wie Naturschutz, Nachhaltigkeit und die Balance von Ökologie und Ökonomie. Seine persönlichen Vorlieben wiesen den Weg zum Bereich „Green and Clean Energy", in dem er seine Werte, seine Kompetenz als Naturwissenschaftler und seine Hobbys ideal verknüpfen konnte. In der Position des Geschäftsführers eines Unternehmens aus der Branche der erneuerbaren Energien kann er heute alle seine Ressourcen mobilisieren und seine Kompetenz als CFO optimal einbringen.

Für Ihre Zielbestimmung suchen wir also zuerst nach den **Schnittstellen zwischen professionellen Kompetenzen, beruflichen Vorlieben, persönlichen Werten und Hobbys**, um daraus Ideen für zukünftige Aufgaben und Zielgruppen sowie zu Positionierung und Branche abzuleiten. Skizzieren Sie dazu mit jeweils drei Schlagworten Ihre professionellen Kernkompetenzen (z. B. Finanz-Know-how, analytisches Denken, naturwissenschaftliche Kompetenz), Ihre beruflichen Vorlieben (z. B. Führung, Personalentwicklung, Leitung internationaler Projektteams) und Ihre Kernwerte (z. B. Nachhaltigkeit, Entrepreneurship, Excellence). Beschreiben Sie außerdem, was Sie leidenschaftlich gern tun, welche Hobbys Sie pflegen und bei welchen Aktivitäten Sie tiefe Freude empfinden (z. B. Reisen für sich und Freunde organisieren, Kochen und Gastgeber sein, Segelfliegen, eine Fremdsprache lernen, Oldtimer reparieren). Tragen Sie all das nun in das Schaubild auf der nächsten Seite ein.

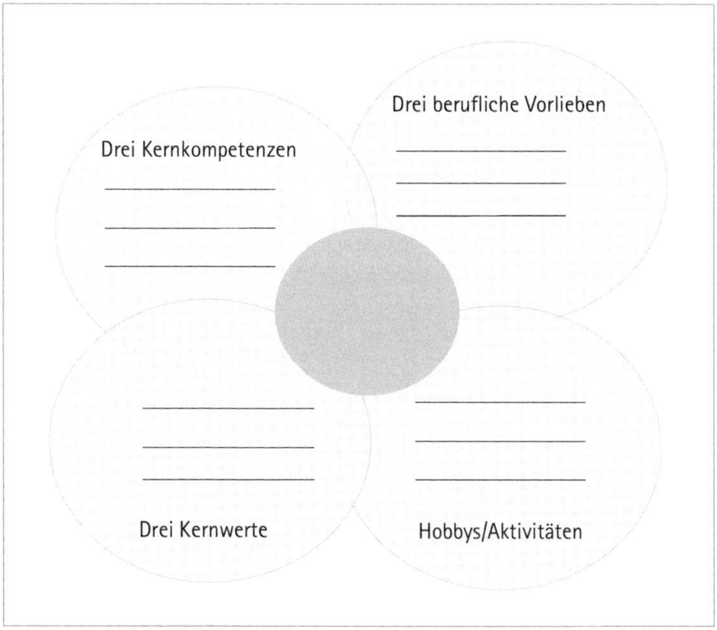

Abbildung: Was Sie gern tun und gut können

Ihre Ideen für mögliche Veränderungen

Welche Schnittstellen werden in dieser Zusammenschau sichtbar? Welche Ideen tauchen spontan auf, wenn Sie dieses Ensemble auf sich wirken lassen? Schreiben Sie diese Ideen in den Quadranten in der Mitte der Abbildung und sammeln Sie danach einige Tage lang, was Ihnen noch dazu einfällt. Wenn Sie zu den Menschen gehören, die lieber in Ruhe darüber nachdenken möchten, dann gönnen Sie sich ein paar Tage, um Ihre Impulse zu erarbeiten. Zielfindung ist ein kreativer Prozess, der Zeit braucht. Manchmal hilft es auch, mit einem guten Freund darüber zu sprechen.

Kienbaum-Expertentipp

Wenn Sie viele Kompetenzen, Talente, Vorlieben und Hobbys haben, lohnt es sich, die gesamte Übung ein zweites oder auch ein drittes Mal mit neuen Schlagworten durchzuführen. Bewerten Sie außerdem nicht zu früh – es geht zunächst um eine umfangreiche Sammlung des Machbaren, noch nicht um die Selektion.

Notieren Sie schließlich Ihre Ergebnisse.

Meine Ergebnisse

1.3 Entdecken Sie Ihre verborgenen Potenziale

Möglicherweise haben sich schon durch dieses erste Brainstorming neue Ideen für Ihre Zielfindung ergeben, die Sie gern verfolgen möchten. Falls Sie aber zunächst noch keine zündende Idee hatten oder die Ideenfindung noch intensivieren möchten, schlagen wir

Ihnen eine Reise in Ihre Vergangenheit vor. Vielleicht werden Sie selbst überrascht sein, welches verborgene Potenzial in Ihnen schlummert.
Auf manche unserer Ressourcen haben wir aktuell keinen Zugriff. Sie sind jedoch nicht verloren gegangen – wir finden sie in unseren früheren Vorstellungen davon, was wir werden und wie wir uns beruflich verwirklichen wollten. In diesen frühen Bildern werden unsere Wünsche unverstellt sichtbar. Bevor wir mit Ihnen zusammen den Blick nach vorn richten, ist es deshalb wichtig, noch einmal zurückzuschauen auf die Wünsche, die Sie sich mit Ihrer Karriere erfüllt oder auch versagt haben. Das folgende Beispiel soll dies veranschaulichen.

Beispiel: Frühere Berufsziele

Herr Dr. S. hatte während seines naturwissenschaftlichen Studiums immer davon geträumt, im Bereich Umwelttechnologie zu arbeiten. Seine Praxissemester während des Studiums absolvierte er allerdings bei einer großen Versicherung und auch den Werkstudentenvertrag zur Promotion bekam er von dieser mit dem Ziel, ein neues, abteilungsübergreifendes Qualitätsmanagement zu etablieren. So schien es ihm naheliegend, nach der Promotion den Einstieg, der ihm von der Versicherung angeboten wurde, anzunehmen. Dafür schlug er ein Angebot zur Habilitation aus. In dem Versicherungsunternehmen konnte er aufgrund seines Ehrgeizes und der kontinuierlichen Erweiterung seiner kaufmännischen Kenntnisse zügig aufsteigen. Ganz vergessen hatte er seine früheren Berufsziele nie, aber es schien ihm unmöglich, so spät in seiner Karriere einen erfolgreichen Branchenwechsel ohne erhebliche finanzielle Einbußen und ohne eine Statusminderung zu realisieren. Er versagte sich jeden Gedanken daran und konnte deshalb nie einen Realitätscheck vornehmen, um zu prüfen, ob seine Bedenken berechtigt waren.

Das Beispiel zeigt, dass es nicht ausreicht, über frühere Berufswünsche nachzudenken. Sie müssen sich auch erlauben, das vermeintlich Unrealistische zu überprüfen. Wenn innere Verbote zu schnell wirksam werden, ist kein Realitätscheck möglich und die Diskussion über Alternativen von vornherein ausgeschlossen.

Und jetzt sind Sie dran: Erinnern Sie sich, welche Vorstellungen Sie in den verschiedenen Lebensphasen von Ihrem Beruf und Ihrer Karriere hatten, und tragen Sie diese in das folgende Schaubild ein.

Kienbaum-Expertentipp

Um ein Gefühl für Ihre eigene Bewertung zu bekommen, beantworten Sie zu den einzelnen Berufswünschen auch die Frage, welche Bedeutung die Wünsche von damals heute für Sie haben.

Alter/Berufsziele	Bedeutung heute
10-20 Jahre ____________ ____________	
20-30 Jahre ____________ ____________	
30-40 Jahre ____________ ____________	
40-50 Jahre ____________ ____________	
50-60 Jahre ____________ ____________	

Abbildung: Berufsziele nach Lebensphasen und ihre heutige Bedeutung

Versuchen Sie im nächsten Schritt, sich die Ressourcen aus Ihren ehemaligen Wünschen zugänglich zu machen, die Sie in Ihrem bisherigen Berufsleben vernachlässigt haben. Dazu wählen Sie aus Ihren erinnerten Berufswünschen die zwei oder drei attraktivsten Optionen aus. Was hat Sie daran gehindert, diese Ziele zu verfolgen? Und wie könnten Sie das, was Sie noch immer daran fasziniert, mit Ihrem heutigen Leben verbinden? Die folgende Übersicht hilft Ihnen, Ihre Gedanken zu strukturieren.

Berufswunsch	
Gehindert hat mich:	Attraktiv daran ist:
So könnte ich ihn mit meinem heutigen Leben verbinden:	Das hilft mir bei der Verwirklichung dieser Verbindung:

Abbildung: Erinnerte Berufswünsche jetzt umsetzen

1.4 Bestimmen Sie Ihre beruflichen Ziele

Aus der Beschäftigung mit Ihren Kernkompetenzen, Ihren Vorlieben, Werten und Hobbys, aus der Reflexion Ihrer früheren Berufswünsche und den Überlegungen, wie Sie diese mit Ihrem heutigen Arbeitsleben verbinden können, lassen sich nun spezifische Zielgruppen, Zielbranchen und Zielpositionen für Sie ableiten. Parallel dazu ist es sinnvoll, einen Attraktivitätscheck durchzuführen und zu überprüfen, was gerade Sie für Ihre neuen Zielgruppen, Zielbranchen und Zielunternehmen interessant macht. Welchen Mehrwert können Sie anbieten?

Beispiel: Zielgruppen, Zielbranchen und Zielpositionen

Herr Dr. S. wollte nach den Jahren als CFO einer großen Versicherung stärker operativ-unternehmerisch mit direktem Kundenkontakt arbeiten. Seine neue **Zielgruppe** sollte Dienstleistungen oder Produkte beziehen, die für die Umwelt relevant sind, und seinen Kernwerten Nachhaltigkeit, Ressourcenorientierung und Balance aus Ökonomie und Ökologie nahestehen. Die **Zielbranchen** waren „Green and Clean Energy" und Zukunftstechnologien. **Zielpositionen** waren Geschäftsführer, Gesellschafter oder Vorstand. Damit verbunden waren genaue Vorstellungen zum geographischen Raum und zum Zielgehalt. Herr Dr. S. war durch seinen Wertehintergrund als Problemlöser für die neue Zielgruppe sehr authentisch und durch seinen Hintergrund als Naturwissenschaftler in seiner Kompetenz anerkannt. Seine Ergebnisorientierung und seine jahrelange Führungserfahrung als CFO machten ihn für Unternehmen aus dem Bereich erneuerbare Energien äußerst attraktiv.

Beantworten Sie nun die folgenden Fragen und tragen Sie Ihre Antworten in die unten stehende Übersicht ein: Mit welchen Zielgruppen möchten Sie zukünftig arbeiten – und was macht Sie für die jeweilige Gruppe zu einem idealen Problemlöser? Welche Zielbranchen sind für Sie attraktiv – und welchen Erfahrungshintergrund bringen Sie dafür mit? Welche Zielpositionen wünschen Sie sich – und aufgrund welcher Kompetenzen sind Sie prädestiniert dafür?

Zielgruppen	**Mein Mehrwert als Problemlöser**
Zielbranchen	**Mein Erfahrungshintergrund**
Zielpositionen	**Meine Kompetenzen**

Nachdem Sie Ihre Wunschziele bestimmt haben, können Sie einen Crosscheck zu möglichen Branchen- und Positionswechseln durchführen. Dies soll zunächst an einem Beispiel verdeutlicht werden.

Beispiel: Branchen- und Positionsmatrix

Herr Dr. S. als Naturwissenschaftler wünschte sich nach der Ideenphase eine Struktur, die seine Wahlmöglichkeiten konkret darstellte, um Alternativen selektieren zu können. Er erlaubte sich, neue Optionen zu betrachten, wollte aber auch gezielt auswählen können. Wir entwickelten gemeinsam eine kombinierte Branchen- und Positionsmatrix. Auf der y-Achse befanden sich die drei Branchen, die für Herrn Dr. S. in Frage kamen: Versicherungswirtschaft, Zukunftstechnologien und „Green and Clean Energy". Auf der x-Achse wurden folgende Möglichkeiten abgebildet: die gleiche Position (hier: CFO), eine ähnliche Position (z. B. Geschäftsführer, Berater oder Vorstand) und neue Positionen, die bis dahin noch nicht im Gespräch waren.

	gleiche Position	**ähnliche Position**	**neue Position**
Branche Green and Clean Energy	CFO in einem Unternehmen für alternative Energien (Windkraft, Geothermie, Biogas o. Ä.)	Vorstand in einem Unternehmen, das Umweltschutz in die Städte bringt	Dozent an einer Hochschule oder Engagement für Umweltziele in der Politik
Branche Zukunftstechnologien	CFO in einem Unternehmen für Zukunftstechnologien, z. B. im Bereich Ökotoxikologie oder Produktion und Nutzung alternativer Kraftstoffe	Manager/Berater in einem Venture-Capital-Unternehmen, das neue Technologien fördert	Finanzier/Management-Buy-in in ein Start-up im Bereich Umwelttechnik
Branche Versicherung	CFO in einem anderen Versicherungsunternehmen, das besser zu meinen Werten passt	CFO/Interimmanager in Versicherungsunternehmen (nur temporäre Einsätze, keine Festanstellung)	Gründung eines eigenen alternativen Versicherungsunternehmens

Abbildung: Beispiel Branchen- und Positionsmatrix

Erarbeiten Sie nun Ihre eigene Branchen- und Positionsmatrix. Dazu können Sie die Vorlage auf der folgenden Seite benutzen. Tragen Sie auf der y-Achse in das Kästchen unten links Ihre bisherige Branche ein und in die beiden Kästchen darüber die Zielbranchen, die für Sie attraktiv sind. Im Mittelfeld entwickeln Sie dann Ihre beruflichen Optionen, indem Sie Ihre jetzige, ähnliche und neue Positionen im Zusammenhang mit Ihrer bisherigen Branche und Ihren Zielbranchen betrachten.

Kienbaum-Expertentipp

Wenn Ihnen mehr als zwei Zielbranchen einfallen, lässt sich die Matrix natürlich nach oben erweitern, d. h., Sie haben entlang der y-Achse vier oder mehr Spalten und entlang der x-Achse drei. Wer Freude am Experimentieren hat, fügt bei den „Positionen" auf der x-Achse als vierte Spalte die Variante „Etwas ganz anderes" hinzu. Beispiele dafür sind: Privatier, Sabbatical, in ein anderes Land übersiedeln, das eigene Vermögen verwalten ...

	gleiche Position	**ähnliche Position**	**neue Position**
Zielbranche 2			
Zielbranche 1			
Bisherige Branche			

Abbildung: Vorlage Branchen- und Positionsmatrix

1.5 Beurteilen Sie Ihre Optionen

Sie haben nun alle Felder ausgefüllt und damit eine Vielfalt an neuen Ideen auf dem Papier. Wenn Ihnen die Wahl leicht fällt, so kreisen Sie direkt die Optionen ein, die Sie besonders interessant finden und auf jeden Fall verfolgen wollen. Vielleicht brauchen Sie aber noch eine weitere Strukturierungshilfe, um Ihre Wahl sicher treffen zu können, und möchten alle Ideen noch einmal genau prüfen. Dabei hilft das nächste Schaubild, das Sie anleitet, alle Optionen nach folgenden zwei Kriterien zu bewerten:

1. Attraktivität: Wie attraktiv ist die Option für Sie?
2. Vertrautheit: Wie vertraut ist Ihnen die Rolle, die Sie einnehmen würden?

Tragen Sie Ihre Ideen für neue Herausforderungen in die unten abgebildete Grafik ein. Wenn Sie diese Selektionshilfe zweimal anwenden, werden Sie acht Ihrer neun Optionen einordnen und bewerten können. Die Optionen, die Sie unbedingt verfolgen sollten, stehen rechts oben. Sie sind für Sie attraktiv und Ihnen vertraut. Schenken Sie außerdem den Herausforderungen, die links oben stehen, Ihre Aufmerksamkeit. Sie sind Ihnen zwar nicht vertraut, aber sehr wohl attraktiv, und es lohnt sich, ihre Umsetzung zu prüfen.

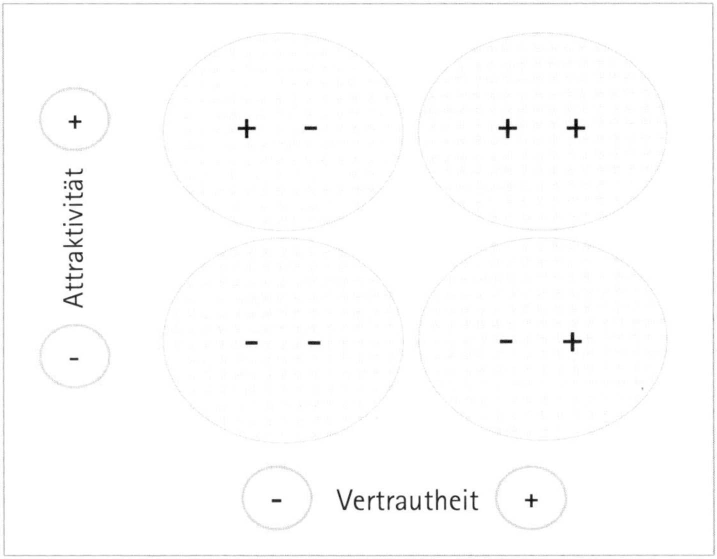

Abbildung: Vorlage zur Beurteilung Ihrer Optionen

Beispiel: Beurteilung der Optionen

In der Diskussion der einzelnen Quadranten mit Herrn Dr. S. wurde sehr schnell deutlich, dass es ihm nicht genügte, nur als CFO die Branche zu wechseln. Er hätte dadurch noch immer nicht den Kontakt zur Zielgruppe gehabt, den er sich so sehr wünschte, und es hätte ihm nach wie vor das unternehmerisch-operative Handeln gefehlt. Aus diesem Grund schied auch die Alternative des Managers bzw. Beraters in einem Venture-Capital-Unternehmen aus. Die Optionen, in die Politik zu gehen und seine Chancen an einer Hochschule auszuloten, hat er parallel zur angestrebten Vorstandsposition verfolgt.

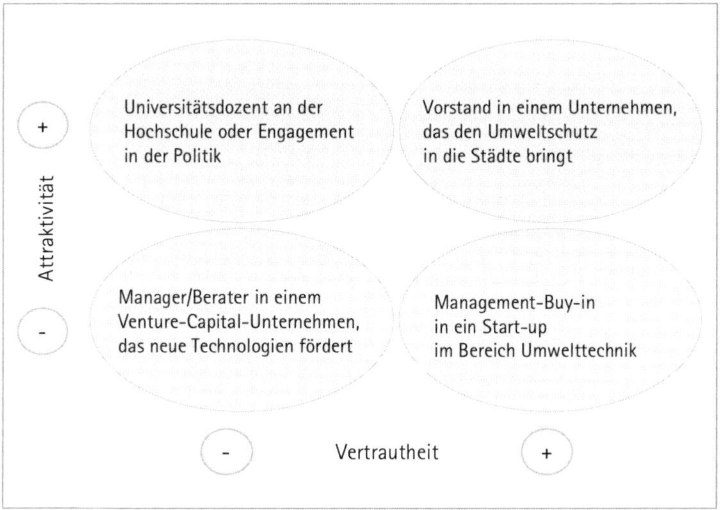

Abbildung: Beispiel Beurteilung der Optionen

Beispiel: Umsetzung der gewählten Option

Bei Herrn Dr. S. war letztlich der Arbeitsmarkt ausschlaggebend. Die Option „Hochschule" hätte lange Wartezeiten verursacht ohne Klarheit darüber, ob aus dem Wunsch in absehbarer Zeit eine Chance wird. Die politischen Ambitionen trafen zwar auf die passenden Rahmenbedingungen, aber die Vorstandsposition im Bereich „Green and Clean Energy" war schneller realisierbar. Herr Dr. S. konnte seinen Mehrwert in diesem Umfeld klar artikulieren und war für die anderen Vorstände durch sein Studium, sein Finanz-Know-how und seine umfangreiche Organisations- und Führungserfahrung eine attraktive Ergänzung.

Kienbaum-Expertentipp

Wenn die Zielfindung abgeschlossen ist, geht es darum, Ihren Mehrwert sehr konkret, authentisch und überzeugend zu kommunizieren und die anvisierten Zielunternehmen, Zielgruppen und Ansprechpartner für sich zu gewinnen.

Wie Sie diese Aufgabe erfolgreich meistern, wird im folgenden Extra erläutert.

Extra: Methoden, mit denen Sie gekonnt überzeugen

Grundlage für alle späteren Aktivitäten – sei es die Erstellung von Lebenslauf und Anschreiben, seien es Kontaktgespräche oder die eigentlichen Vorstellungsgespräche – ist die Kenntnis *Ihrer persönlichen* Stärken, Qualifikationen und Fähigkeiten. Im ersten Kapitel ging es um Ihre Schlüsselqualifikationen, fachliche und persönliche Stärken, aber auch Ziele.
Im Folgenden möchten wir Ihnen die STAR-Technik vorstellen. Mit dieser Technik bringen Sie die Essenz Ihrer Leistungen auf den Punkt.

Die STAR-Technik: Berufliche Erfolge kommunizieren

Identifizieren Sie die Situation (S), die Aufgabe/Task (T), die Handlung/Action (A) und das Ergebnis/Result (R) für jeden Ihrer Erfolge. Dadurch konzentrieren Sie sich bei der Beschreibung Ihrer Leistungen auf das Wesentliche. Mit der STAR-Methode ist das ganz einfach.

Situation

Die Situation oder Herausforderung, mit der Sie in einem Unternehmen oder in Ihrer Abteilung konfrontiert waren und die Sie verändert haben/in der Sie Veränderungen initiiert haben.

Task

Die konkrete Aufgabe, die man Ihnen gestellt hat, oder derer Sie sich angenommen und die Sie aufgrund Ihrer Initiative gelöst haben.

Action

Die Aktion oder die Art und Weise, wie Sie das Problem oder die Aufgabe angingen, allein oder zusammen mit anderen, also Ihre persönlichen Maßnahmen auf dem Weg zur Lösung eines Problems oder einer Aufgabe.

Result

Das messbare, erreichte Ergebnis Ihres Handelns.

Kienbaum-Expertentipp

Ein weiterer Arbeitsschritt, den wir empfehlen, ist das Extrahieren Ihrer Schlüsselqualifikationen aus den einzelnen STARs. Stellen Sie sich dazu die Frage: Welches Wissen, welche Fähigkeiten und persönlichen Eigenschaften habe ich eingesetzt, um das jeweilige Ergebnis zu erzielen?

Die Kurzfassung der STARs bringt Ihre Leistung auf den Punkt.

Erarbeiten Sie Ihre eigenen STARs

Mit Hilfe Ihrer STARs können Sie nicht nur Ihren Lebenslauf mit Erfolgselementen anreichern – sie enthalten das Rohmaterial für die Erstellung aller Unterlagen, die Sie für Ihre individuelle Selbstvermarktung benötigen.

Auch im Vorstellungsgespräch sind sie nützlich: Wenn Ihr Gesprächspartner beispielsweise geschäftliche Probleme anspricht, können Sie mit „Das erinnert mich daran, wie wir ein ähnliches Problem bei XYZ gelöst haben" antworten und dann von Ihrem Erfolg berichten. Ihre STARs helfen Ihnen außerdem, typische Fragen in Bewerbungssituationen wie z. B. „Warum sollten wir uns für Sie entscheiden?" oder „Was sind Ihre persönlichen Stärken?" zu beantworten.

Erarbeiten Sie nun Ihre STARs zu den verschiedenen Stationen Ihres Berufslebens. Dabei sollten die letzten Positionen am besten dokumentiert sein, aber berücksichtigen Sie auch frühere Stationen und länger zurückliegende Tätigkeiten. Beispiele aus dem privaten Bereich, die bestimmte Arbeitsweisen oder Ihre Schlüsselqualifikationen gut dokumentieren, können Sie ebenfalls verwenden. Nutzen Sie am besten die folgende Übersicht und orientieren Sie sich gegebenenfalls an den Beispielen ab S. 32.

Meine STARs

Situation Schildern Sie eine Situation, in der Sie Veränderungen initiiert haben.	**Task** Was war dabei Ihre konkrete Aufgabe?	**Action** Wie sind Sie bei der Lösung der Aufgabe vorgegangen, was genau haben Sie gemacht?	**Result** Welches Ergebnis haben Sie damit am Ende erzielt?
Situation 1			
Situation 2			
Situation 3			
Situation 4			
Situation 5			

Abbildung: Übersicht Ihrer STARs

Beispiele für gelungene Anwendungen der STAR-Technik

Beispiel 1: Durchsetzen eines Projekt-Budgets trotz Rezession

Situation

Die sich abzeichnende Rezession führte bereits 2009 zur Reduzierung zahlreicher IT-Budgets mit der Folge, dass immer weniger neue IT-Projekte in Angriff genommen wurden.

Task

Dennoch war ich davon überzeugt, ein internationales Projekt zum Prozess-Redesign und zur Einführung einer neuen Software mit Kosten von über 1 Mio. Euro starten zu müssen, da die Einführung eines Shared Service Centers im Bereich Finanzen zu erheblicher Mehrarbeit in den Betrieben geführt hätte. Ein Projekt in dieser Größenordnung wäre ohne deutlich nachgewiesenen Nutzen für das Unternehmen aber niemals genehmigt worden.

Action

Ich habe zunächst eine Vorstudie durchgeführt, in die neben der IT-Abteilung auch die Process Owner aus den Bereichen Finanzen und Customer Service eingebunden waren. Ziel der Vorstudie war es, die gemeinsamen Anforderungen an die zu ändernden Prozesse und Systeme zu erarbeiten und argumentativ so überzeugend darzustellen, dass auch das Topmanagement von der Priorität eines solchen Redesign-Projektes überzeugt werden konnte.

In der Tat bestätigte das Ergebnis dieser Vorstudie, dass durch eine systematische Integration der unterschiedlichen Anforderungen langfristig eine erhebliche Prozessverbesserung und somit Kosteneinsparungen realisiert wurden, die das Projekt rechtfertigten.

Result

Durch das Design der künftigen Prozesse unter Berücksichtigung der Anforderungen aller Beteiligten, die dann von mir im Hinblick auf den zu erwartenden Aufwand bewertet wurden, konnte dem Topmanagement der Budgetbedarf des Projektes in Höhe von 1,4 Mio. Euro plausibel dargestellt werden, so dass das Budget daraufhin auch innerhalb einer Woche genehmigt wurde.

Kurzfassung

Die sich abzeichnende Rezession führte bereits 2009 zur Reduzierung zahlreicher IT-Budgets. Dennoch konnte ich durch den Nachweis massiver Einsparungen und die intensive Zusammenarbeit mit den internen Auftraggebern im Vorfeld meines letzten Projektes erreichen, dass für dieses ein Budget von 1,4 Mio. Euro zur Verfügung gestellt wurde.

Schlüsselqualifikationen

Durchsetzungsstärke, Eigeninitiative, Zielorientierung, unternehmerisches Denken

Beispiel 2: Lösen von Konflikten zwischen zwei Abteilungen

Situation

Als Leiter der Prozessanalysetechnik (PAT) war ich unter anderem für die vollautomatischen Produktanalysen in den Betrieben zuständig. Zusätzlich wurden vom Betriebspersonal regelmäßig Proben gezogen und im Labor analysiert. Bei Abweichungen benutzten die Produktionsanlagen für die Beurteilung der Produktqualität die Messung, die am besten war. Die Abteilung mit der schlechteren Messung wurde dann unabhängig von Wochentag und Uhrzeit zur Neukalibrierung der Messapparatur aufgefordert. Das hatte für meinen Verantwortungsbereich unnötig hohe Personalkosten zur Folge, da sehr häufig Nacht- und Wochenendeinsätze anfielen. Deshalb war ich fest entschlossen, diese schon lange währende Streiterei zwischen den Betrieben und den analytischen Laboratorien zu beenden.

Task

Aus meiner Sicht war es eigentlich logisch, die Entscheidung über die korrekten Analysewerte den Laborleiter treffen zu lassen. Dazu musste das Labor aber auf die Mess- und Kalibrierdaten meiner Geräte zugreifen können und mit meinen Messverfahren vertraut sein, was bisher nicht der Fall war.

Action

Mit dem Leiter der analytischen Laboratorien und den Betriebsleitern vereinbarte ich daher einen Prozess, der sicherstellte, dass die Betriebe nur noch mit übereinstimmenden Messwerten versorgt wurden. Für die Labormitarbeiter organisierte ich eine innerbetriebliche Weiterbildung und veranlasste, dass sie auf die Daten zugreifen konnten.

Result

Nach nur einem Quartal erhielten die Betriebe nur noch zuverlässige Messwerte. Außerdem wurde die Zahl der nächtlichen Einsätze um zwei Drittel reduziert. Nach weiteren acht Monaten wurde mir die Gesamtleitung der analytischen Laboratorien und der Prozessanalysetechnik übertragen.

Kurzfassung

Durch Einführen eines mit allen Beteiligten abgestimmten Prozesses konnte ich Streitereien zwischen zwei Abteilungen beseitigen und die Zahl der teuren Nacht- und Wochenendeinsätze deutlich reduzieren.

Schlüsselqualifikationen

Organisationstalent, Kommunikationsstärke, Konfliktfähigkeit

Beispiel 3: Senkung der Kosten für Telekommunikationsdienstleistungen

Situation/Task

2002 war ich unter anderem für die Telekommunikation des Werkes in Musterstadt verantwortlich. Die Kosten waren mit rund 700.000 Euro im Vergleich zu anderen deutschen Standorten der Computer AG knapp 15 % zu hoch.

Action

Als mir das bekannt wurde, habe ich zunächst die Kostenursachen analysiert. Dabei habe ich festgestellt, dass im Festnetzbereich die Gesprächsgebühren durchaus sehr günstig waren, die vertraglich fixierten Service- und Wartungskosten dagegen sehr hoch. Als Konsequenz habe ich mit dem Serviceanbieter druckvolle Verhandlungen geführt, die sich zäh hinzogen.

Im Mobilfunkbereich waren die Kosten wegen der unübersichtlichen Vertragslage mit historisch gewachsenen Tarifen viel zu hoch. Nach einer systematischen Marktanalyse habe ich alles auf einen einzigen Anbieter umgestellt.

Result

Bei dem Serviceanbieter im Festnetzbereich habe ich letztlich einen Preisnachlass von 10 % durchgesetzt. Der Vertrag mit dem neuen Mobilfunkanbieter war 20 % günstiger als die alten Verträge, und das bei besserem Service. So konnte ich die Kosten um rund 80.000 Euro im Jahr senken.

Kurzfassung

Durch geschicktes Verhandeln konnte ich circa 80.000 Euro im Jahr einsparen.

Schlüsselqualifikationen

Verhandlungsstärke, Kostenbewusstsein, Kundenorientierung

Die MIM-Story: Überzeugende Selbstpräsentation

Psychologen haben festgestellt, dass ein Mensch im Durchschnitt nur etwa ein bis zwei Minuten lang in der Lage ist, am Stück hochkonzentriert zuzuhören und gezielt Informationen aufzunehmen. Aus diesem Grund ist es notwendig, alles Wichtige über Ihre Erfahrungen und Zielvorstellungen für Ihren Zuhörer kurz und knapp auf den Punkt zu bringen. Die MIM-Story (May I Introduce Myself), eine empfängerorientierte Selbstpräsentation, hilft Ihnen dabei.

Was Sie mit dieser Methodik erreichen können

Mit einer gelungenen Antwort auf die Aufforderung „Bitte erzählen Sie etwas über sich!“ oder die Frage „Was möchten Sie uns über sich erzählen?“ haben Sie die Entscheider schnell auf Ihrer Seite. Viele Bewerber machen jedoch den Fehler, einen unstrukturierten Text ohne Rücksicht auf ihr Gegenüber herunterzuspulen und den (schon bekannten) Lebenslauf nachzuerzählen. Dabei werden echte Stärken und wichtige Erfahrungen im Hinblick auf die zu besetzende Stelle für den Zuhörer nicht hervorgehoben.

Gehen Sie nicht davon aus, dass Ihr Gesprächspartner Ihre Vorzüge immer auf Anhieb erkennt. Versuchen Sie stattdessen, sich in ihn hineinzuversetzen. Welche Schlagwörter möchte er von einem Bewerber hören?

Mittels Ihrer MIM-Story können Sie Folgendes erreichen:

- die für Ihren Gesprächspartner wichtigen Themen wie Ihre Kompetenz, Motivation und Ziele für die angestrebte Position darstellen,
- Ihrem Gesprächspartner einen Überblick über Ihren Werdegang verschaffen, der nachvollziehbar und schlüssig ist,
- wichtige Themen hervorheben und Anknüpfungspunkte für Ihren Gesprächspartner schaffen,
- sich bereits nach zwei Minuten so interessant gemacht haben, dass Sie in der engeren Wahl sind.

Natürlich gibt es auch über die Bewerbungssituation hinaus eine Reihe von Anlässen für die Verwendung Ihrer Story – immer dann, wenn Sie sich vorstellen müssen: am neuen Arbeitsplatz, bei Kunden und Lieferanten, bei der Teilnahme an Seminaren oder Schulungen, in Kontaktnetzgesprächen, bei gesellschaftlichen Ereignissen usw.

Wie Sie Ihre MIM-Story gestalten

Ihre Story sollte Informationen zu folgenden Punkten enthalten:

- Welche Aussagen über Ihre Person – Ihre private Situation, Ausbildung bzw. Studium, wichtige Stationen und Erfolge im Berufsleben (ohne Monats- und Jahreszahlen!), Ihre heutige berufliche Situation – sind für den Zuhörer interessant? Heben Sie besonders Relevantes hervor.
- Was zeichnet Sie aus? Nennen Sie gezielt passende berufliche Erfolge und Kompetenzen.
- Was möchten Sie erreichen? Woran möchten Sie anknüpfen?
- Was sind Ihre persönlichen Ziele? (z. B. etwas bewegen wollen, Verantwortung übernehmen, Neues schaffen) Nennen Sie auch Ziele für das Unternehmen wie: „Ich möchte mithelfen bei der Realisierung von …", „Ich möchte einen Beitrag leisten zur Verbesserung des …"

Eine gute MIM-Story

- dauert nicht länger als zwei Minuten,
- spannt einen Bogen von „Wo komme ich her?" über „Was biete ich?" bis „Wo will ich hin?",
- ist klar gegliedert – auch bei den Ausführungen zur eigenen Person,
- macht den Zuhörer neugierig auf Sie und überzeugt ihn von Ihrem Nutzen,
- ist bei konkreten Vakanzen am Anforderungsprofil ausgerichtet,
- ist geprägt von positiven Erfahrungen und passenden Kompetenzen,
- ist empfängerorientiert,
- schafft die Grundlage für ein effektives Gespräch und lädt zum Nachhaken ein,
- bietet einen nachvollziehbaren und schlüssigen roten Faden.

Zur Anregung finden Sie auf den folgenden Seiten einige Beispiele aus der Kienbaum-Beratungspraxis.

Beispiel 1

Ich bin jetzt 52, verheiratet und habe fünf Kinder.

Nach meinem berufsbegleitenden Studium zum Krankenkassenbetriebswirt habe ich schon recht früh verschiedene Führungspositionen bekleidet.

Nachdem ich sieben Jahre lang den Finanzbereich einer Krankenkasse geleitet hatte und es mir gelungen war, die Finanzen transparent und planbar darzustellen, fragte mich ein Unternehmer aus dem Kreis des Verwaltungsrates Anfang der 1990er, ob ich zu ihm in die freie Wirtschaft wechseln würde.

Daraufhin habe ich als kaufmännischer Leiter und stellvertretender Geschäftsführer acht Jahre lang ein mittelständisches Unternehmen der Metallverarbeitung geleitet. Eine gravierende Marktbereinigung führte jedoch zur Insolvenz der Firma. Nach ersten Gesprächen mit dem damaligen Insolvenzverwalter übernahm ich die Weiterführung des Unternehmens. Es gelang mir, die Firma zu sanieren und den Verkauf an einen Investor zu ermöglichen. Der Insolvenzverwalter war davon so angetan, dass er mich in seinem Unternehmen weiterbeschäftigte. In den folgenden vier Jahren habe ich etwa 150 weitere insolvente Firmen saniert, verkauft und abgewickelt. In dieser Zeit konnte ich zusammen mit meinem Team umfangreiche Kenntnisse und tiefe Einblicke in alle Unternehmensbereiche gewinnen, so dass mir so schnell keiner mehr etwas vormachen kann.

Vor circa drei Jahren hat mich dann der damalige Vorstand einer Krankenkasse in sein Unternehmen geholt und ich habe das Finanzmanagement übernommen. Der derzeitige Vorstand plant jetzt eine Fusion und hält das Finanzmanagement für nicht mehr erforderlich. Wir haben deshalb eine Trennung vereinbart.

Im Rahmen meiner beruflichen Neuorientierung suche ich ein Non-Profit-Unternehmen, in dem ich meine Erfahrungen und Kenntnisse als Geschäftsführer oder Verwaltungsleiter einbringen kann.

Beispiel 2

Ich bin jetzt 44, verheiratet und habe drei Kinder.

Nach meinem Maschinenbaustudium in Hannover mit verschiedenen studienbegleitenden Praktika war ich zunächst Produktionsingenieur bei der Firma STOP Fahrzeugbremsen. In diesen fünf Jahren habe ich alles zum Thema Lean Production gelernt und meine ersten Führungserfahrungen gesammelt.

Wegen fehlender Perspektiven habe ich mich dann aber anderweitig beworben, und zwar als Managementberater für das Geschäftsfeld Automotive bei der Auto AG in Musterstadt.

Nach eineinhalb Jahren habe ich das Angebot eines meiner Kunden, als Geschäftsführer zum Fahrzeugbau Müller nach Waldhausen zu gehen, angenommen. Dort war ich für die komplette Produktion an den Standorten Waldhausen und Wiesenstadt verantwortlich. Leider ging das Unternehmen nach drei Jahren in die Insolvenz.

Daher wechselte ich Ende 2003 zur ABC AG, und zwar als Geschäftsführer für den Standort in Mecklenburg-Vorpommern. In dieser Position arbeite ich jetzt seit sechs Jahren und habe den Umsatz von anfangs 18 Mio. Euro auf zuletzt 45 Mio. Euro im abgelaufenen Geschäftsjahr gesteigert. Damit habe ich auch den Turnaround geschafft. Die anfänglichen Verluste von 3 Mio. Euro im Jahr konnte ich in ein positives Ergebnis im laufenden Geschäftsjahr umwandeln.

Leider verließ der für mich zuständige Produktionsvorstand im August letzten Jahres das Unternehmen. Damit änderte sich für mich vieles. Der Nachfolger war erkennbar bemüht, seine früheren Mitarbeiter nachzuholen und in Schlüsselpositionen zu platzieren. Auch in seiner Funktion als Mitgeschäftsführer meiner GmbH hat sich kein besonderes Vertrauensverhältnis entwickelt. Insofern war es für mich auch keine Überraschung, als er mir im Mai dieses Jahres sagte, dass man meinen Geschäftsführervertrag nicht verlängern wird.

Daher suche ich jetzt eine neue verantwortliche Führungsaufgabe.

Beispiel 3 – wie eine MIM-Story nicht aufgebaut sein sollte

Ich bin jetzt 49 Jahre alt, verheiratet und habe zwei Kinder.

Nach meinem Bauingenieur-Studium mit Schwerpunkt Konstruktiver Ingenieurbau an der Universität Weidenfeld habe ich zunächst einige Monate lang als freiberuflicher Diplom-Ingenieur in der Bauleitung und im Projektmanagement gearbeitet. Die Projekte reichten von der Nutzungsänderung bis zum schlüsselfertigen Neubau.

Danach war ich bei verschiedenen Unternehmen der Baubranche in unterschiedlichen Managementpositionen tätig. Meine Berufserfahrung sammelte ich über die Projektleitung, Bauleitung und Oberbauleitung bis zur technischen Geschäftsleitung.

Mitte 1995 ging ich zur Firma ABC und übernahm dort als Geschäftsführer das DEF-Handwerkszentrum mit circa 130 Mitarbeitern und 9 Mio. Euro Umsatz. Arbeitsbereiche des Zentrums waren Reparaturen, Bausanierungen und Projektarbeiten. Die Position war von Anfang an eine auf drei Jahre befristete Sanierungsmaßnahme, die ich mit dem Erreichen einer „schwarzen Null" auch positiv abgeschlossen habe.

Danach ging ich als Regionalleiter West und in Personalunion als Geschäftsführer der Bau GmbH zum internationalen Konzern GHI. Aufgabe beider Gesellschaften war die Erbringung von FM-Leistungen auf dem freien Markt. Hier habe ich erfolgreich umstrukturiert, einen aktiven Vertrieb aufgebaut und dadurch die Umsatzerlöse um 10 % gesteigert. Einige Zeit später wurde die gesamte FM-Sparte aber leider aus übergeordneten konzernstrategischen Gründen verkauft.

Ich bin jetzt seit knapp zwei Jahren bei DEF als Account Manager D/A tätig. Meine Aufgaben bestehen seither darin, den internationalen Rahmenvertrag mit der Firma XYZ über die zu erbringenden FM-Leistungen vertragsgerecht und zur Zufriedenheit des Kunden, aber für uns profitabel zu erfüllen. Diese vorgegebenen Ziele habe ich auch nachweislich erreicht.

Seit Mitte letzten Jahres stellt sich unser Kunde, die Firma XYZ, strukturell und organisatorisch weltweit neu auf. Daher hat mein Arbeitgeber DEF entschieden, die eigene Geschäftsstruktur bei diesem Global Account komplett neu zu ordnen. Eine Folge davon ist, dass meine Position ersatzlos gestrichen wird.

In meinen Gesprächen mit dem Global Account Manager ist deutlich geworden, dass es zurzeit bei DEF definitiv keine alternative Position gibt, die auch nur einigermaßen für mich akzeptabel wäre. Deshalb haben wir bereits über mein mögliches Ausscheiden im Laufe des nächsten Jahres nachgedacht.

Ich habe mich daher entschieden, mich jetzt aus ungekündigter Stellung heraus bei Ihnen zu bewerben.

So wie in Beispiel 3 sollte eine MIM-Story besser nicht aufgebaut sein. Die Punkte „Was biete ich?“ und „Wo will ich hin?“ wurden nicht explizit herausgearbeitet. Dadurch wirkt die Story wie eine Nacherzählung des Lebenslaufs und weckt keine Neugier beim Zuhörer. Die Länge der Story erschwert es dem Gegenüber zudem, bis zum Schluss konzentriert zuzuhören. Auf die Gründe der Trennung vom alten Arbeitgeber wird ausführlich eingegangen. Die Frage, warum sich der Bewerber gerade für diesen neuen Arbeitgeber entschieden hat, bleibt jedoch unbeantwortet.

2 Optimale Bewerbungsunterlagen erstellen (mit Beispielen)

Auch in Personalabteilungen und bei Personalberatern gilt die Devise „Zeit ist Geld“ – mit der Folge, dass Bewerbungsunterlagen nur kurz geprüft werden, um dann auf einen von zwei Stapeln gelegt zu werden: zur intensiveren Prüfung – oder um abzusagen.
Wie muss eine Bewerbung aussehen, damit sie auf den richtigen Stapel kommt? Personalberater und Personaler achten bei einer Bewerbung zuallererst auf den Lebenslauf. Er ist der wichtigste Bestandteil Ihrer Bewerbungsunterlagen. Sie sollten ihn immer individuell gestalten. Und er sollte zusammen mit dem Anschreiben wirken wie aus einem Guss. Prüfen Sie für jede Stelle, auf die Sie sich bewerben, ob Ihr Lebenslauf auf diese Stelle hin ausgerichtet ist. Selbstverständlich schreiben Sie Ihren Lebenslauf nicht immer neu, sondern haben pragmatischer Weise eine Ausgangsversion, die Sie entsprechend der Zielposition anpassen.
Personaler und Personalberater fassen Lebenslauf und Bewerbungsunterlagen als persönliches „Werbematerial“ auf. Mit diesem Werbematerial müssen Sie dem „Käufer“ Ihre Qualitäten und Vorteile klar darstellen. Was Ihre Schlüsselqualifikationen und persönlichen Stärken sind, haben Sie bereits ermittelt. Und Sie wissen, wie Sie diese mithilfe der STAR-Technik auf den Punkt bringen. Wie Sie nun im nächsten Schritt die optimalen Bewerbungsunterlagen erstellen, erfahren Sie in diesem Kapitel.

2.1 Gestalten Sie Ihren Lebenslauf aussagekräftig

Ein guter Lebenslauf öffnet Türen, weckt Interesse und sorgt dafür, dass Ihre Bewerbung auf den „richtigen“ Stapel kommt, den Stapel der Bewerber, die eingeladen werden. Er soll Sie als einen der qualifiziertesten Kandidaten für die angestrebte Position erscheinen lassen. Er ermöglicht Ihnen das Vorstellungsgespräch und dient dafür auch als Gesprächsgrundlage. Um das zu erreichen, müssen Sie Ihren Lebenslauf der angestrebten Position und Zielfirma anpassen. Stellen Sie sich vor, Sie seien das Produkt, dass nun richtig verpackt und beschrieben, durch den Lebenslauf seinem potenziellen „Käufer" schmackhaft gemacht wird. Ihre Persönlichkeit, Motive und Fachkenntnisse sollen im bestmöglichen Licht erscheinen und Sie als exzellenten Kandidaten für die angestrebte Position ausweisen. Die wesentlichen Elemente des Lebenslaufs stellen wir Ihnen im Folgenden vor.

Das Foto

Bewerbungsfotos sollten nicht an Passfotos erinnern, sondern vielmehr Porträtfotos sein, die Ihre Wesensart herausstellen. Deshalb lohnt sich die Investition in einen Profifotografen. Die Wahl der Kleidung für den Fototermin ist abhängig von der Position, für die Sie sich bewerben. Als Regel gilt: lieber etwas overdressed als underdressed.

Persönliche Daten

Dazu gehören:

- Name
- Adresse
- Private Telefonnummer und Mobilfunknummer
- E-Mail-Adresse
  (Geben Sie nur eine private E-Mail-Adresse an, sonst liegt der Verdacht nahe, dass sie Einrichtungen Ihres jetzigen Arbeitgebers für private Zwecke nutzen. Die Adresse sollte einfach und standardisiert sein, z. B. vorname.nachname@t-online.de.)
- Geburtsdatum und Geburtsort
  (Wenn Sie im Ausland geboren sind, nennen Sie auch den Staat.)
- Staatsbürgerschaft (wenn Ihr Name oder Geburtsort auf eine ausländische hindeuten)
- Familienstand, Anzahl der Kinder

Berufserfahrung

Zu einem lückenlosen Lebenslauf gehört die Nennung jeder Station Ihres Berufslebens, die für die angestrebte Position relevant ist. Geben Sie dabei immer Folgendes an:

- Name des Unternehmens
  Wenn sich der Name seit dem Zeitpunkt Ihres Ausscheidens geändert haben sollte, geben Sie auch den alten Namen mit an. So erreichen Sie eine Übereinstimmung mit der Angabe auf Ihrem Arbeitszeugnis.
- Arbeitsort
  Dieser wird mit einem Komma an den Firmennamen angeschlossen. Hatten Sie wechselnde Arbeitsorte (z. B. als Vertriebsmitarbeiter oder in einer Einsatzwechseltätigkeit), so nennen Sie den Ort, an dem organisatorisch Ihre Anbindung an das Unternehmen lag.
- Positionsbezeichnung und Tätigkeitsschwerpunkte
  Nennen Sie in maximal fünf Unterpunkten stichwortartig die Schwerpunkte Ihrer Tätigkeit. Nicht jeder Vertriebsmitarbeiter oder HR-Spezialist hat die gleichen Aufgaben. Ihre Qualifikation leitet sich aber primär aus Ihren Aufgaben ab. Zusätzlich sollten Sie auch Ihre Erfolge explizit nennen. Um Ihre Tätigkeitsschwerpunkte und Erfolge kurz und prägnant darzustellen, können Sie die STAR-Technik anwenden (siehe S. 29 ff.). Konkrete Beispiele finden Sie im Musterlebenslauf ab S.47.
  Geben Sie als Führungskraft auch an, wie viele Mitarbeiter Sie geführt haben, ob Sie Prokura und/oder Budgetverantwortung hatten und wenn ja, in welchem Umfang.
  Wenn Sie im Laufe Ihrer Unternehmenszugehörigkeit die Abteilung bzw. die Aufgabe gewechselt haben, geben Sie dies ebenfalls an. Achten Sie in Ihrer Darstellung jedoch darauf, dass Sie den Namen des Unternehmens nur einmal zu Beginn nennen und die einzelnen Abteilungen und Tätigkeiten getrennt davon aufführen.

Ausbildung

Unter diesem Punkt können Sie Ihre Schul- und Berufsausbildung zusammenfassen. Hinsichtlich der Schulausbildung ist es üblich, nur die zuletzt besuchte allgemeinbildende Schule anzugeben. Oft wird auf die Angabe eines Zeitraums verzichtet. Stattdessen werden nur das Jahr und eventuell der Monat sowie die Art des Abschlusses genannt. Haben Sie die Schule ohne Abschluss verlassen, weisen Sie nicht darauf hin. Schreiben Sie also nicht „ohne Abschluss".

Als Berufsausbildung gelten alle Ausbildungsabschnitte, die mit einem anerkannten Abschluss enden (z. B. Bankkaufmann, Magister, Diplom, BA oder MBA). Für jeden Abschnitt nennen Sie die Ausbildungsfirma bzw. (Hoch-)Schule und die Bezeichnung der Ausbildung. Geben Sie auch an, dass Sie die Ausbildung erfolgreich abgeschlossen haben. Wiederum gilt: Haben Sie die Ausbildung nicht abgeschlossen, erwähnen Sie dies nicht. Abschlussnoten müssen übrigens nicht im Werdegang angegeben werden. Mit Topnoten können Sie jedoch Werbung für sich machen.

Haben Sie nach einigen Jahren Berufserfahrung eine Ausbildung oder einen MBA eingeschoben (auch berufsbegleitend), so wird dies nicht chronologisch in die Berufserfahrungen eingereiht, sondern hier unter diesem Punkt erfasst.

Weiterbildungen

Dazu gehören alle Ausbildungsabschnitte, die nicht mit einem allgemein anerkannten Berufsabschluss enden, z. B. Sprach- und EDV-Kurse, Ausbildungen im Qualitäts- oder Projektmanagement, Mediation etc. Angegeben werden nur das Jahr und eventuell der Monat sowie der Titel der Weiterbildung. Einzelheiten entnimmt der Leser den beigefügten Zertifikaten.

Eine große Zahl an Weiterbildungen zeugt von einer hohen Lernbereitschaft. Allerdings interessiert sich Ihr potenzieller Arbeitgeber nicht für alle Maßnahmen. Deshalb gilt es auszuwählen. Nennen Sie nur Weiterbildungen, die inhaltlich für den neuen Job von Bedeutung sein könnten.

Sprachkenntnisse

Diese werden im Zeitalter der Globalisierung nicht nur für kaufmännische Tätigkeiten immer wichtiger. Nennen Sie aber nur Sprachen, die Sie im Job auch wirklich anwenden können. Wenn Sie z. B. vor 20 Jahren in der Schule Englisch gelernt haben, seitdem aber kein Wort Englisch mehr gesprochen haben, erwähnen Sie diese Sprache nicht.
Sprachkenntnisse werden je nach Grad der Beherrschung folgendermaßen bewertet:

- Grundkenntnisse
- Gute Kenntnisse
- Sehr gute Kenntnisse (in Wort und Schrift)
- Fachsprache
- Verhandlungssichere Kenntnisse
- Muttersprache

Um sich selbst einordnen zu können, stellen Sie sich konkrete Situationen aus Ihrem Arbeitsalltag vor. Können Sie z. B. problemlos ein Telefonat auf Englisch oder eine Verhandlung auf Französisch führen? Besprechen Sie Ihre eigene Einschätzung mit einem Kollegen oder mit Ihrem Karriereberater.
Stammen Sie aus einem anderen Land, so ist die Angabe Ihrer Muttersprache und Ihrer Deutschkenntnisse von Bedeutung.

EDV-Kenntnisse

Die Angabe Ihrer EDV-Kenntnisse wird erwartet. Folgende Aufteilung hat sich bewährt:

- Betriebssysteme (meist Windows)
- Microsoft-Office-Produkte (Word, Excel, PowerPoint, Access)
- Kommunikationsprogramme (Outlook, Lotus Notes; hier können Sie auch Ihre Internetkenntnisse angeben)
- Programmiersprachen (Java, C++, C, PHP)
- spezielle Programme (SAP, SolidWorks, AutoCAD)

Die EDV-Kenntnisse werden, anders als die Sprachkenntnisse, nicht bewertet (das gilt natürlich nicht für IT-Leute, SW-Spezialisten etc.). Achten Sie aber darauf, dass Sie nur Programme angeben, die Sie zumindest gut beherrschen. Oberflächliche Kenntnisse erwähnen Sie nicht. Sie werden später an Ihren Angaben gemessen. Haben Sie hinsichtlich eines der oben genannten Gliederungspunkte keinerlei Kenntnisse, lassen Sie diesen einfach weg.

Datum und Unterschrift

Der Lebenslauf wird mit dem aktuellen Datum (das mit dem Datum auf Ihrem Anschreiben übereinstimmen muss) und Ihrer Unterschrift abgeschlossen.

Kienbaum-Expertentipp

Wählen Sie ein Layout und eine Schrift, die zu Ihnen passen. Unsere Empfehlungen sind:

- Arial
- Arial Narrow
- Tahoma
- Verdana
- Times New Roman

Unabhängig davon, für welche Schrift Sie sich entscheiden, sollten Sie darauf achten, dass das Schriftbild einheitlich ist. Dies gilt auch für Zahlen- und Datumsangaben.

Schreiben Sie Ihre Kontaktdaten sowie die Seitenzahlen auf jedes Blatt für den Fall, dass einzelne Seiten durcheinandergeraten. Auch grafische Elemente erhöhen die Wiedererkennbarkeit. Grundsätzlich gilt aber: Weniger ist mehr.

Ihre Interessen können ebenfalls in Ihrem Lebenslauf enthalten sein. Wir empfehlen Ihnen, drei bis vier zu nennen und nur diejenigen anzugeben, die der Wahrheit entsprechen, Sie in einem guten Licht erscheinen lassen und für den Arbeitgeber von Interesse sind (also nicht „Lesen" oder „Musikhören"). Vermeiden Sie Zweideutigkeiten. Ein von uns betreuter Bewerber gab z. B. unter Interessen „Möpse" an – gemeint war natürlich die Hunderasse.

Beispiel: Gelungener Lebenslauf einer Diplom-Ökonomin

Deckblatt

Martina Muster
Diplom-Ökonomin

Anschrift	Beispielstraße 49
	D-12345 Beispielstadt
Telefon	+49 (0) 12-34 56 78 91
Mobil	+49 (0) 123-44 56 78 90
E-Mail	Martina.Muster@web.de

(Bewerbungsfoto)

Geboren am 05. Januar 1966 in Musterdorf, verheiratet, zwei Kinder, Staatsangehörigkeit: Deutsch

Kompetenzprofil

- Kaufmännische Geschäftsleiterin mit langjähriger internationaler Managementerfahrung in mittelständischen Unternehmen und Konzernen in den Bereichen Finanzen & Controlling, Recht, Einkauf und Administration
- Business Development in Europa und Nordamerika sowie Durchführung von Due Diligence und M&A-Transaktionen
- Steigerung der Profitabilität durch Change Management, nachhaltige Kosteneffizienz, Schaffung von Transparenz sowie Qualitätsverbesserung
- Fachliche Führung internationaler und multikultureller Teams im In- und Ausland

Lebenslauf – Seite 1

Beruflicher Werdegang

Seit Jan. 2009

Web AG, Musterstadt/Beispielstadt, Deutschland

Amerikanisches IT-Systemhaus, 800 Mitarbeiter an 7 Standorten, ca. € 60 Mio. Jahresumsatz in Deutschland

Kaufmännische Leiterin/Direktor Finance & Administration
Gesamtverantwortung in Deutschland für die Bereiche Finanzen Controlling, Rechtswesen, Einkauf und Administration.

(reporting line: CFO Europe Web Corp., 15 Mitglieder an 5 deutschen Standorten)

- Prokuristin und Mitglied der Geschäftsleitung
- Einführung verbesserter Steuerelemente und strategischer Analysewerkzeuge (z.B. für Operations, Vertrieb, Cash Flow, EBIT)
- Beschleunigung und Verbesserung des internen Controllings
- Führen zahlreicher Vertragsverhandlungen mit Lieferanten und Vertretung bei Rechtsstreitigkeiten.
- Vertretung der Eigentümerinteressen bei Gesellschafterversammlung
- Integration der Tochtergesellschaft Web GmbH Müllerstadt

Besondere Ergebnisse

- Steigerung der Profitabilität durch Neukonzeption der Bereiche Einkauf, Fuhrpark, Versicherungen, Buchhaltung, Mahnwesen und Faktura (Kostensenkungseffekte: 2,1 Mio. in zwei Jahren)
- Abbau 60 % der offenen Forderungen über 30 Tage durch ein effizienteres Forderungsmanagement
- Schaffung von Rechtssicherheit durch Vereinheitlichung und Neukonzeption der AGB und Vertragsdokumente
- Verkürzung des Monatsabschlusses von 14 auf 5 Arbeitstage (Fast Close)

April 2007 – Dez. 2008

Marc & Williams Corp., Blauen/Elektro GmbH & Co. KG, Beispielstadt
(100% Tochtergesellschaft)

Amerikanischer Elektrokonzern – weltweit Top 10 – in Deutschland:

200 Mitarbeiter, 7 Standorte, € 16 Mio. Jahresumsatz

Leiterin Finanzen & Controlling/Head of Finance

Gesamt Verantwortung für die Bereiche Finanzen, Controlling, Schnittstelle zum amerikanischen Mutterkonzern
(reporting line: CFO Europe Marc & Williams Corp. Blauen, 5 direkte Mitarbeiter)

Lebenslauf – Seite 2

	• Mitglied der Geschäftsleitung • Einleiten von Maßnahmen zur Ergebnisverbesserung (z.B. im Einkauf, Qualitätsmanagement, Forderungsmanagement) • Einführen eines integrierten Management-Informationssystems • Implementieren eines kennzahlenbasierten Controllingsystems *Besondere Ergebnisse* • Erhebliche Verbesserung der Bonität • Aufbau des Qualitätsmanagements durch optimierte und dokumentierte Prozesse im Rahmen der ISC-9001-Zertifizierung
Sept.2000 – März 2007	**Automotive Financial Services AG, Beispielstadt** Automobiler Finanzdienstleister, 6000 Mitarbeiter, € 10,5 Mrd. Jahresumsatz **Senior Controller** Verantwortlich im Vorstandsstab für das Controlling in den Bereichen IT. Headquarters Beispielstadt und den Holdingbeteiligungen (reporting line: Senior Manager, 2 direkte Mitarbeiter) • Controlling eines Budgets von € 750 Mio. in 13 Landesgesellschaften in den Regionen Asien, Pazifik, Südamerika, Afrika, Mittlerer Osten und im Headquarters Beispielstadt • Einführen und Weiterentwickeln von und Projektcontrollingstrukturen • Entwickeln eines Balanced-Scorecard-Kennzahlensystems für IT • Monitoring strategischer Zulieferer unter dem Aspekt des Ausfallrisikos • Projektcontrolling von Beratungsleistungen (Gesamtbudget: € 40 Mio.) *Besondere Ergebnisse* • Leiten eines Kosteneffizienzprogramms im Headquarters Beispielstadt mit einer Kostensenkung um 25% und direkte Berichtslinie an den CEO • Schnelle und gezielte Umstellung auf ein SAP R/3-basiertes Reporting
Juni 1997 – Aug. 2000	**Waren-Gruppe/Waren GmbH & Co.KG, Hofstadt** Marktführerin im Einzelhandel, 29.000 Mitarbeiter, € 5 Mrd. Jahresumsatz **Beteiligungscontroller** Internationales Controlling für Mergers & Acquisitions-Transaktionen, Beteiligungscontrolling (reporting line: Leiterin internationales Controlling und Eigentümerin) • Betriebswirtschaftliche Steuerung von 9 Gesellschaften in Europa und USA • Analyse von Markteintrittspotenzialen in Europa • Due Diligence bei M&A-Projekten in den USA, Deutschland, Großbritannien, Frankreich und Belgien • Entwickeln und Einführen eines neuen Unternehmensplanungstools

Lebenslauf – Seite 3

	Besondere Ergebnisse • Beratung der Geschäftsführung zum Markteintritt in Spanien, Belgien, Polen, Ungarn und Tschechien • Unterstützung der Geschäftsführung bei der Akquisition eines Unternehmens in Großbritannien • Restruktierung einer Tochtergesellschaft in den Niederlanden zur Wiedererlangung der Profitabilität eines Jahres • Leiten einer Leasingausschreibung für ein IT-Projekt in Höhe von € 4 Mio.
Sprachen	Verhandlungssicher in Englisch, Grundkenntnisse in Spanisch und Französisch
Ausbildung	
1989 – 1997	Studium der Wirtschaftswissenschaft, Fluss-Universität, Inselstadt Abschluss Diplom-Ökonomin/Dipl.-Oec. • Kombiniertes Studium der Betriebswirtschaft und Volkswirtschaft • Studienschwerpunkte: Controlling, Finanzierung und Kreditwirtschaft • Durchgängige berufliche Tätigkeit als Bankkauffrau bei der CER-Stadtbank, Burgstadt, zur Finanzierung des Studiums
1986 – 1989	Banklehre, Landesbank AG, Waldstadt Abschluss Bankkauffrau
1985 – 1986	Auslandspraktikum Siebert Ltd., Mountain City, Großbritannien Bereich Vertrieb Industrial Products
1976 – 1985	Waldhausen-Gymnasium, Hofstadt Abschluss Abitur

Beispielstadt, 23. Februar 2010
(Unterschrift)

2.2 Präsentieren Sie Ihre Kompetenzen!

Der Lebenslauf kann durch ein ausführliches Kompetenzprofil ergänzt werden, das gleich auf der ersten Seite eingefügt wird. Im Gegensatz zum beruflichen Werdegang ist das Kompetenzprofil losgelöst von Ihrem Alter, den beruflichen Stationen und Aufgaben. Es handelt sich vielmehr um einen „Extrakt" aus Ihrer beruflichen Vergangenheit, bezogen auf Ihre Kenntnisse und Erfahrungen zu verschiedenen Themen wie Marketing, Logistik, Vertrieb oder Personalführung.

Ihr Kompetenzprofil ist das „Produkt", mit dem Sie an den Markt gehen. Damit ist es auch die Basis für die Entwicklung Ihrer beruflichen Alternativen. Durch die nicht firmenbezogene Beschreibung Ihres Know-hows erkennt ein Personalberater deutlich Ihre Transfermöglichkeiten in suchende Unternehmen, auch in anderen Branchen.

Um Ihr Profil zu erstellen, definieren Sie im ersten Schritt Ihre Kompetenzfelder. Die Gliederungspunkte sind in der Regel die Funktionsbereiche oder Arbeitsgebiete, in denen Sie tätig waren und sind. Erarbeiten Sie zu jedem Feld Ihre wesentlichen Kompetenzen. Formulieren Sie mit eigenen Worten und in substantivierten Verben, wie Sie Aufgaben realisieren, d. h., welche Lösungskompetenz mit welchen Schwerpunkten und in welcher Ausrichtung Sie anbieten können.

Ein Kompetenzprofil ist dann gelungen, wenn allein aus dieser Beschreibung, ohne Kenntnis Ihres Lebenslaufs, Ihre Positionierung deutlich wird. Ihr Karriereberater kann Sie bei der Erarbeitung und Präzisierung des Profils maßgeblich unterstützen.

Auf der nächsten Seite finden Sie beispielhaft das ausführliche Kompetenzprofil zum obigen Lebenslauf. Danach folgt ein Beispiel für einen Lebenslauf mit kurzem Kompetenzprofil, das direkt in die erste Seite integriert wurde.

Beispiel für ein ausführliches Kompetenzprofil

Kompetenzprofil

Geschäftsleitung

- Entwickeln von Geschäftsstrategien und Erstellen von Businessplänen und Budgets
- Aufbau, Führen und Weiterentwickeln der kaufmännischen Bereiche Finanzen & Controlling, Recht
- Einkauf und Administration in international operierenden Unternehmen
- Erfolgreiches Management in politisch und wirtschaftlich schwierigen Situationen und hoch kompetitiven Märkten
- Fundierte Erfahrung mit betrieblichen Kernprozessen und kritischen Schnittstellen sowie Erfahrung im Umgang mit Matrixorganisationen
- Umsetzen vorgegebener globaler Konzernstrategien und Managementprozesse in landesbezogene Geschäftseinheiten
- Erarbeiten der detaillierten Unternehmensprozessabläufe unter Einbindung der Funktionsverantwortlichen mit abteilungsübergreifendem Qualitätssicherungsmanagement
- Anwenden moderner Leadership-, Successdrivers sowie Personalauswahltechniken und leistungsbezogener Vergütungs- und Anreizsysteme
- Langjährige Erfahrung in der Zusammenarbeit mit Anwälten, Auditing-Teams, Wirtschaftsprüfern, Steuerberatern, Personaldienstleistern, Lieferanten und Outsourcingpartnern

Geschäftsentwicklung & Controlling

- Entwickeln und Einführen von Strategien zur Markterschließung und/oder zum Marktausbau
- Durchführen von Marktrecherchen und Erstellen von Businessplänen zur Gründung von internationalen Unternehmensstandorten
- Durchführung diverser Due Diligence bei internationalen M&B-Projekten und gesellschaftsrechtliche, buchhalterische und administrative Integration akquirierter Unternehmen
- Leitung von Restrukturierungsprojekten zur Sicherstellung der Profitabilität
- Konzipieren und Einführen einer effizienten Unternehmenssteuerung mit zielgerichtetem Einsatz von Controlling-Instrumenten zur Profit- und Ergebnissicherung
- Erstellen von detaillierten Cash-Flow-Plänen und Liquiditätsvorschauen sowie nachhaltiger Abbau offener Forderungen durch aktives Forderungsmanagement
- Auswählen, Einführen und Anpassen von integrierter ERP-Unternehmenssoftware
- Weiterentwickeln des Berichtswesens zur Integration aller kaufmännischen Belange nach Umstrukturierungen und Aufbau neuer Organisationseinheiten

Recht, Einkauf & Administration

- Steuerung aller Rechtsbereiche, Vertretung bei Rechtsstreitigkeiten und Neukonzeption der AGB und Vertragskokumente sowie Implementierung eines zentralen Vertragsmanagements
- Aufbau einer zentralen Einkaufsorganisation und Verhandlung mit Lieferanten
- Steigerung der Profitabilität durch Change Management, nachhaltige Kosteneffizienz, Schaffung von Transparenz sowie Qualitätsverbesserung

Spezielles Know-how

- Ausgeprägte Erfahrung im Dienstleistungssektor der Automobil- und IT-Branche
- Leitung der SAP R/3-Umstellung und Koordination der externen Berater und internen Funktionsbereiche
- Fachliche Führung internationaler und multikultureller Teams im In- und Ausland
- Durchführung von internen Audits
- Verhandlungs- und präsentationssichere englische Sprachkenntnisse

Beispiel für einen Lebenslauf mit integriertem Kompetenzprofil

Deckblatt

STEPHAN MUSTERMANN

Musterstraße 181 • 40210 Düsseldorf
Mobil: +49 1525/1234567 • E-Mail: stephan.mustermann@web.de

LEBENSLAUF

(Bewerbungsfoto)

Persönliche Daten

Geboren am 10. Januar 1965, ledig

Berufliche Zielsetzung

Führungsaufgabe im Vertrieb bei einem international tätigen Unternehmen im Bereich FMCG, bevorzugt mit Verantwortung in Westeuropa

Kompetenzen

- Langjährige Vertriebs-, Category-Management- und Marketing-Erfahrung im Bereich FMCG und LEH, davon mehrere Jahre als Mitglied des Management-Teams
- Nachweisbare Erfolge in der Umsatzsteuerung internationaler Key Accounts im LEH, in der Führung von Mitarbeitern und im Aufbau von neuen Geschäftsfeldern
- Verantwortung für interdisziplinäre Projektarbeit, auch auf internationaler Ebene
- Unternehmerisches, bereichs- und funktionsübergreifendes Denken und Handeln, operativ geprägter „hands-on"-Arbeitsstil, strategische Kompetenz, Kommunikationsstärke
- Mehrsprachig (Englisch, Spanisch, Französisch und Portugiesisch) mit entsprechenden Auslandserfahrungen

Lebenslauf – Seite 1

06/2001 – heute **Zauber AG, Düsseldorf**

seit 01/2009 ***International Lead Key Account Manager Zauber AG***
Nach drei Jahren erfolgreicher operativer Vertriebstätigkeit als International Lead Key Account Manager für die Zauber Firma 1 erfolgte die Beförderung zum Leiter Category Management mit anschließender Berufung in das Management-Team der Business Unit „Adhesive Technologies", seit 01/2009 erneut mit zusätzlicher operativer Verantwortung im Key Account Management für den LEH.

seit 01/2006 ***Leiter Category Management***
Berichtslinie an den Business-Unit-Leiter

- Optimierung der Category-Management-Prozesse mit daraus resultierender Stärkung der Position des Category Captains in allen relevanten Vertriebskanälen
- Projektbezogene Leitung eines Teams aus Key Account Managern und Marketing Managern zur Definition und Implementierung von fachbereichsübergreifenden Prozessen
- Entwicklung neuer, erfolgreicher Business-Development-Strategien mit KPI-basierter Erfolgskontrolle

01/2003 – 12/2005 ***International Lead Key Account Manager Zauber Firma 1***
mit Weisungsbefugnis für ein internationales Sales Team

- Nachgewiesene Verhandlungsstärke und Argumentationskraft in Jahresgesprächen mit dem internationalen Zentraleinkauf des Unternehmens
- Innerhalb von nur drei Jahren:
  - Umsatzsteigerung von 68 Mio. Euro auf 80 Mio. Euro
  - Steigerung des Firma-Marktanteils um 8 PP
  - Ertragssteigerung Firma um 5 PP
- Vertraut mit allen Facetten smarter Konditionsgestaltung und intelligenter Preisanpassung zur Durchsetzung der Ertragsziele in Verhandlungen mit Konzerneinkaufszentralen
- Europaweite Etablierung der Category-Management-Prozesse mit einem kundenspezifischen Kernsortiment und internationalen Promotionen

06/2001 – 12/2002 ***Nationaler Key Account Manager Zauber Firma 1***

- Entwicklung der Umsatzpotenziale von 40 Mio. Euro durch die gezielte Umsetzung von Vertriebs- und Marketingaktivitäten

07/1999 – 05/2001 **Firma Deutschland KG, Essen**

Nationaler Key Account Manager für die Essen-Gruppe

- Erfolgreich durchgeführte Jahres- und Listungsgespräche mit daraus resultierender Steigerung des Umsatzvolumens von 120 Mio. Euro um 3 % p. a.

Lebenslauf – Seite 2

01/1995 – 06/1999 **Wunderfirma GmbH, Düsseldorf**

03/1997 – 06/1999 ***Key-Account- und Marketing-Referent für neue Geschäftsfelder***
- Bereichsübergreifende Projektsteuerung zur Etablierung neuer Vertriebskanäle (u. a. Drogerien, Airlines)

01/1995 – 02/1997 ***Bezirksleiter in Leipzig***
- Steigerung des Umsatzes von 1,5 Mio. Euro um 5 % p. a.
- Assistent des Key Account Managers für Drogeriemärkte

08/1993 – 12/1994 **Nochne Firma GmbH, Düsseldorf**

Junior Product Manager
- Eigenverantwortliche Betreuung von mehreren Produktgruppen
- Steuerung von Werbe- und Marktforschungsagenturen

Praktika

01/1993 – 06/1993 Deutsch-Französische Handelskammer, Paris/Frankreich
- Marketing – Französischer Markt

06/1992 – 12/1992 Deutsch-Portugiesische Handelskammer, Porto/Portugal
- Messewesen

05/1989 – 09/1989 SEAT, S.A., Barcelona/Spanien
- Werbung und Marktforschung

Ausbildung

10/1986 – 11/1992 Universität Hauptstadt
Studium der Wirtschaftswissenschaften
Schwerpunkte: Marketing, Management, Wirtschaftsspanisch

Abschluss: **Diplom-Kaufmann**

Parallel zum Hauptstudiengang:
Zweitstudium der Philosophie und Literaturwissenschaften

Sonstiges

Sprachen Englisch und Spanisch: Verhandlungssicher
Französisch und Portugiesisch: Fließend

IT Sicheres Beherrschen der MS-Office-Anwendungen Word, Excel, PowerPoint

Weiterbildung Führung/Management:
Leadership Skills & Development, Zeitmanagement, Projektsteuerung
Vertrieb: Verkaufs- und Preisanpassungsseminare

Vorträge Regelmäßige Vorträge auf ECR-Konferenzen zu Category-Management-Themen

2.3 Das Kurzprofil - für besondere Bewerbungssituationen

Es gibt bestimmte Bewerbungssituationen und Besonderheiten Ihres beruflichen Werdeganges, bei denen die Übersendung eines Lebenslaufes mit Anlage nicht ratsam ist, z. B. beim ersten Kontakt mit Personalberatern oder bei längeren beruflichen Auszeiten und häufigem Wechsel des Arbeitgebers.
Für solche Fälle empfehlen wir Ihnen, ein sogenanntes Kurzprofil vorzubereiten. Das Kurzprofil muss natürlich dieselben Informationen enthalten wie Ihr Lebenslauf – lediglich komprimiert auf das Wesentliche, maximal auf einer Seite. Beim Kurzprofil ist es deshalb eine Herausforderung, die für den Leser wirklich interessanten Qualifikationen herauszuarbeiten und gut aufzubereiten. Ob Sie Ihr Kurzprofil mit einem Bewerbungsfoto versehen, bleibt Ihnen überlassen.
Bei der Erstellung Ihres Kurzprofils können Sie sich an den folgenden Beispielen orientieren. Das erste Beispiel ist die Kurzversion des soeben dargestellten Lebenslaufs (siehe S. 53 ff.).

Beispiel 1: Kurzprofil

KURZ-CV

(Bewerbungsfoto)

Persönliche Daten

Geboren am 10. Januar 1965, ledig

Berufliche Zielsetzung

Führungsaufgabe im Vertrieb bei einem international tätigen Unternehmen im Bereich FMCG, bevorzugt mit Verantwortung in Westeuropa

Kompetenzen

- Langjährige Vertriebs-, Category-Management- und Marketing-Erfahrung im Bereich FMCG und LEH, davon mehrere Jahre als Mitglied des Management-Teams
- Nachweisbare Erfolge in der Umsatzsteuerung internationaler Key Accounts im LEH, in der Führung von Mitarbeitern und im Aufbau von neuen Geschäftsfeldern
- Verantwortung für interdisziplinäre Projektarbeit, auch auf internationaler Ebene
- Unternehmerisches, bereichs- und funktionsübergreifendes Denken und Handeln, operativ geprägter „hands-on"-Arbeitsstil, strategische Kompetenz, Kommunikationsstärke
- Mehrsprachig (Englisch, Spanisch, Französisch und Portugiesisch) mit entsprechenden Auslandserfahrungen

Berufliche Stationen

06/01 – heute	**Zauber Group, Düsseldorf**
seit 01/09	International Lead Key Account Manager
seit 01/06	Leiter Category Management
01/03 – 2/05	International Lead Key Account Manager
06/01 – 2/02	Nationaler Key Account Manager Firma Group und Globus
07/99 – 05/01	**Firma Deutschland KG, Essen**
	Nationaler Key Account Manager für die Essen-Gruppe
01/95 – 06/99	**Wunderfirma GmbH, Düsseldorf**
03/97 – 6/99	Key-Account- und Marketing-Referent für neue Geschäftsfelder
01/95 – 2/97	Bezirksleiter in Leipzig
08/93 – 12/94	**Nochne Firma GmbH, Düsseldorf**
	Junior Product Manager

Praktika

01/93 – 06/93	Deutsch-Französische Handelskammer, Paris/Frankreich; Marketing
06/92 – 12/92	Deutsch-Portugiesische Handelskammer, Porto/Portugal; Messewesen
05/89 – 09/89	SEAT, S.A., Barcelona/Spanien; Werbung und Marktforschung

Ausbildung

10/86 – 11/92	Universität Hauptstadt; Wirtschaftswissenschaften: **Diplom-Kaufmann**

Sonstiges

Sprachen	Englisch und Spanisch: Verhandlungssicher Französisch und Portugiesisch: Fließend
IT	Sicheres Beherrschen der MS-Office-Anwendungen Word, Excel, PowerPoint
Weiterbildung	Regelmäßige Fortbildung zu den Themen Führung/ Management und Vertrieb
Vorträge	Regelmäßige Vorträge auf ECR-Konferenzen zu Category-Management-Themen

Beispiel 2: Kurzprofil

Nora Sommer
Sommerstr. 15
10123 Herbststadt
Mobil: 0123-456 78 91
E-Mail: nora.sommer@herbststadt.de

(Bewerbungsfoto)

50 Jahre, verheiratet, 2 Kinder

Immobilienökonomin (ebs) mit Zusatzqualifikation zum Certified Shopping Center Manager (ebs)

Ausbildereignungsprüfung

Berufliche Zielsetzung:	Ich suche eine verantwortungsvolle Position im Bereich Asset- oder Fondsmanagement bzw. im Key-Account-Management	
Kernkompetenzen:	Identifizierung und Realisierung von Wertsteigerungspotenzialen in Immobilienportfolios	
	Steuerung und Monitoring externer Dienstleister	
	Planung, Budgetierung und Reporting	
	Entwicklung und Umsetzung von Objekt- und Vermietungsstrategien für schwer vermietbare Objekte	
	Fondsmanagement geschlossener Immobilienfonds	
	Fachliche und disziplinarische Führung von Mitarbeitern	
Beruflicher Werdegang:	2001-heute	Meyer Management GmbH Asset- und Portfoliomanagerin
	1999-2000	Hallo Holla GmbH Fondsmanagerin
	1997-1999	Müller AG Centermanagerin
	1993-1996	WOBAU Ausbildungs- und Abteilungsleiterin
	1990-1993	XYZ Immobilien GmbH Immobilienberaterin
	1988-1990	Wunder & Sohnemann GmbH Sachbearbeiterin Hausverwaltung
Sonstiges:	Sehr gute Englischkenntnisse	
	Gute Anwendungskenntnisse in Microsoft Office und SAP	

2.4 Projekterfahrung überzeugend darstellen

Wenn Sie sich aus einem projektgetriebenen Umfeld heraus oder in ein solches hinein auf eine Position bewerben wollen, empfehlen wir Ihnen, dass Sie Ihre Projekt- und Managementerfahrungen, Branchenkompetenz und Fachwissen anhand von Projektlisten beispielhaft darstellen. Vor allem das Fachwissen sollte dabei empfängerorientiert aufbereitet sein.

Wichtig bei der Erarbeitung der Projektliste ist, dass Sie bei der Darstellung immer den jeweiligen Empfänger im Blick haben und die folgenden Punkte, die ein Projekt charakterisieren und dem Leser einen Gesamteindruck von Ihrer Expertise vermitteln, kurz und strukturiert herausstellen:

- Branche und Unternehmen (achten Sie dabei auf Diskretion und Informationssperren)
- Thema und Ziel des Projektes (z. B. M&A Target Screening, Reorganisation, PMI, Due Diligence)
- Ihre Rolle (z. B. Akquise, Projektleitung, Teilprojektleitung, Beratung)
- Aufgabenbereich und Erfolge

Hilfreich sind darüber hinaus Kennzahlen zur Größe des Projektes wie Dauer und Anzahl der Projektteilnehmer. Formulieren Sie knapp, aber ausführlich genug. Schreiben Sie für einen potenziellen fachlichen Vorgesetzten, den Sie mit Informationen neugierig machen, jedoch so allgemeingültig, dass Sie nicht zu viele Interna preisgeben.

Kandidaten mit langjähriger Erfahrung im Projektgeschäft empfehlen wir eine Auswahl aus ihren interessantesten Projekten – diese Liste kann möglichst vielfältig sein oder sich sehr spezifisch auf bestimmte Funktionen bzw. Branchen konzentrieren. Möglich ist auch eine Auswahl aus den Projekten der letzten zwei bis drei Jahre. Beachten Sie in jedem Fall die Relevanz für die angestrebte Position.

Je nach Aufbau Ihrer Bewerbungsunterlagen gibt es verschiedene Möglichkeiten, die Projektliste einzufügen. Sie können sie z. B. in den Lebenslauf einarbeiten oder als eigenes Dokument der Bewerbung anfügen. Wir zeigen Ihnen anhand von drei Beispielen, wie Sie Ihre Projekterfahrung überzeugend darstellen können.

Beispiel 1: Projektliste als Anhang zum Lebenslauf

Projekterfahrung (Auszug 2007 bis 2009)

Branche	Convience Großhandel
Position	Projektleiter
Zeitraum	01/2008–01/2009
Details	Validierung einer ERP-Strategie zur Vorbereitung eines SAP-Template-und Rollout-Projekts

Branche	Groß-und Einzelhandel
Position	Projektleiter für Rollout nach Russland
Zeitraum	04/2008–12/2008
Details	Harmonisierung der europäischen Logistik-Strategie; internationaler Rollout einer SAP-Retail-basierten Anwendung für Logistikprozesse

Branche	Dentalhandel
Position	Projektleiter
Zeitraum	08/2007-03/2008
Details	Optimierung und Stabilisierung der unterstützten Prozesse der Warenwirtschaft nach Einführung von SAP ERP im Rahmen eines internationalen Rollouts

Branche	Einzelhandel
Position	Teilprojektleiter
Zeitraum	07/2007–06/2008
Details	Design und Implementierung aller warenwirtschaftlichen Prozesse zur Integration von Franchise-Nehmern in das zentrale SAP-Retail-System im Rahmen einer expansiven Vertriebsstrategie für den Ausbau des Filialnetzes, Rollout der zentralen Warenwirtschaft (SAP Retail) in sechs europäische Tochtergesellschaften

Branche	Versandhandel
Position	Projektleiter
Zeitraum	01/2007–06/2007
Details	Optimierung und Stabilisierung der unterstützten Prozesse der Warenwirtschaft nach SAP Retail Go-Live

Beispiel 2: Projektliste in den Lebenslauf integriert

Berufliche Erfahrung

11/01 – heute **Strategieberatung GmbH, Berater, Berlin**

Auswahl eines möglichen M&A-Ziels sowie Vorbereitung der Transaktion für ein Papierunternehmen

- Entwicklung eines M&A Wachstumsszenarios für zwei Bereiche mit zusammen 6 Mrd. € Umsatz
- Federführung bei der detaillierten Synergieberechnung für das präferierte Ziel im Rahmen einer Vor-Due-Diligence als neutraler Berater für beide Parteien (Clean Team)

Reorganisation des Immobilienbereichs einer Asset-Management-Tochtergesellschaft einer Rückversicherung

- Ermittlung des gesamten Kosteneinsparbedarfs durch eine Produkt-Profitabilitätsanalyse über alle beteiligten Organisationseinheiten
- Vorbereitung und Moderation eines Strategieworkshops zur zukünftigen Immobilienanlagestrategie mit der gesamten Geschäftsführung
- Umsetzung der Organisationsstruktur durch Anpassung und Abstimmung der Ablauforganisation und Schnittstellen mit der Geschäftsführung der Muttergesellschaft und den verantwortlichen Leitern des Immobilienbereichs
- Veränderung der Organisationsstruktur mit einer daraus resultierenden Einsparung von 19 Prozent der Personalkosten
- Fachliche Führungsaufgaben

PIM- Projekte in der Immobilien-, Versicherungs- und Zementbranche

- Aufbau von Integrationsteams, Koordination von Schnittstellen und Kommunikation zwischen internationalen Integrationsteams
- Vorbereitung der Betriebskommunikation sowie Beantwortung von Fragen aus den Betriebsverhandlungen
- Vergleich von erreichten gegenüber geplanten Synergieeinsparungen für wöchentliche Projektleitersitzungen
- Entwicklung der Organisationsstrukturen für Querschnittsfunktionen
- Erreichen einer Personalkostenreduktion von 15 bis 20 Prozent bei hoher interner und öffentlicher Erwartung einer reibungslosen Integration

Beispiel 3: Vollständiger Lebenslauf inkl. Darstellung ausgewählter Projekte

Deckblatt

Max Mustermann
Diplom-Kaufmann

Anschrift	Musterstraße 45 A
	D-12345 Musterstadt
Telefon	+49 (0) 12-34 56 78 91
Mobil	+49 (0) 012-1234 56 78
E-Mail	Max.Mustermann@t-online.de

(Bewerbungsfoto)

Geboren am 12. Januar 1976 in Musterdorf, ledig, Staatsangehörigkeit: Deutsch

Fachliche und persönliche Kompetenzen

- Sehr gute Kenntnisse im Rechnungswesen (HGB und IFRS)
- Prozessoptimierung innerhalb des Rechnungswesens
- Beurteilung der Ertragskraft, der Finanzierung und Budgetplanung eines Unternehmens verbunden mit einer Einschätzung seiner rechtlichen und finanziellen Risiken. (Due Diligence)
- Unternehmensbewertung bei nationalen und internationalen Unternehmen
- Projektmanagement
- Breites Branchen-Know-how im Mittelstand
- Unternehmerisches Denken

Vollständiger Lebenslauf mit Projekten – Seite 2

Beruflicher Werdegang

Seit Okt. 2009

Manager/Prokurist
Fink & Flash GmbH Wirtschaftsprüfungsgesellschaft
Transaction Advisory Services, Beispielstadt
Tätigkeitsschwerpunkte:

- Beratung bei Transaktionsabschluss, Kauf- und Vertragsverhandlungen
  - Projektverantwortung bei Transaktionen
  - Qualitätssicherung während des Projektes
- Prüfungsleitung bei Jahresabschlussprüfungen; Analyse, Bewertung und Optimierung der Jahresabschlusserstellung
- Mitarbeiterführung und -beurteilung

Nov. 2004 – Sept. 2009

Assistant/Senior Consultant
Fink & Flash GmbH Wirtschaftsprüfungsgesellschaft
Transaction Advisory Services, Beispielstadt
Tätigkeitsschwerpunkte:

- Analyse und Bewertung von Jahresabschlüssen und Budgetplanungen
- Erstellung von Due-Diligence-Berichten
- Prüfung von mittelständischen und internationalen Unternehmen nach HGB und IFRS
- Erstellung von Unternehmensbewertungen

April 2004 – Sept. 2004

Praktikant
Medicine Hispania S.A., Barcelona, Spanien
Tätigkeitsschwerpunkte:

- *Einführung des Sarbanes-Oxley-Acts, SOA 404; Prozessimplementierung und -dokumentation für die Bereiche Einkauf, Produktion, Verkauf, Human Resources, Finanz- und Rechnungswesen*

1996 – 2003

Praktikant und studentischer Mitarbeiter
Muster GmbH, Schulte Metallwarenfabrik GmbH & Co. KG,
Kinn & Partners Management Consultants

Vollständiger Lebenslauf mit Projekten – Seite 3

Ausgewählte Projekte

- Due Diligence eines internationalen Automobilherstellers („XYZ“) im Auftrag eines internationalen Investorenkonsortiums; Transaktionsvolumen € 2,0 Mrd. Im Rahmen einer Due Diligence wurden die zentralen Geschäftsbereiche des Unternehmens auf Stärken und Schwächen untersucht sowie auf rechtliche und finanzielle Risiken geprüft. Im Fokus der Analyse standen die Budgetplanung für drei Jahre sowie geplante Restrukturierungsmaßnahmen.
- Unternehmensbewertung/Werthaltigkeitsprüfung des Geschäfts- und Firmenwertes eines internationale Halbleiterherstellers; Umsatz € ca. 3,6 Mrd. Auf Basis von Jahresabschlüssen und der Budgetplanung wurde ein Gutachten für den Halbleiterhersteller erstellt, um einen möglichen Wertminderungsbedarf des Geschäfts- bzw. Firmenwertes zu identifizieren.
- Prüfung von Jahres- und Konzernabschlüssen nach HGB und IFRS; Umsatz € 25-200 Mio. Im Auftrag nationaler und internationaler Unternehmen wurden Jahresabschlüsse durchgeführt sowie die zugehörigen Prüfberichte erstellt. Die Tätigkeit umfasste auch die Prüfung des Reporting Packages für Teilkonzernabschlüsse nach IFRS und die Übergabe an den Konzerabschlussprüfer.
- Einführung und Verbesserung von Prozessen in der Finanzabteilung; Umsatz ca € 100 Mio. Um den Jahresabschlussprozess zu optimieren, wurden Maßnahmen zur Prozessverbesserung durchgeführt. In enger Abstimmung mit den Unternehmen wurden Arbeitsabläufe optimiert, EDV-Prozesse umgestellt und Kontrollschritte implementiert.
- Prüfung einer „Reverse Acquisition“ eines Biotechunternehmens: Umsatz USD 18 Mio. Für den Zusammenschluss mit einem US-amerikanischen börsennotierten Unternehmen wurde die Prüfung des SEC-Filings vorgenommen. Im Rahmen des Mandats wurde auch die interne Qualitätsprüfung unterstützt und der deutsche Jahresabschluss geprüft.

Aus- und Weiterbildung

Jan. 2004 – April 2004	Universität Pedral, Barcelona Spanisch-Intensivkurs
Sept. 1997 – Nov. 2003	Studium der Betriebswirtschaftslehre, Universität Beispielstadt Schwerpunkte: Strategische Planung, Finanzwirtschaft Diplomarbeit: Risikomanagement in mittelständischen Unternehmen
Sept. 1996 – Juni 1997	Wehrdienstzeit in Hofbuch Ausgeschieden als Obergefreiter
Aug. 1987 – Juni 1996	Kolleg St. Petrus, Jesuiteninternat Abschluss: Hochschulreife (Abitur)

Weitere Kenntnisse und Interessen

Sprachen	Englisch: verhandlungssicher Spanisch: fließend
Interessen	Mountainbiken, Gleitschirmfliegen, Tauchen, Reisen

Musterstadt, 15. Januar 2010

(Unterschrift)

2.5 Prüfen Sie Ihr Arbeitszeugnis

Arbeitszeugnisse sind ein fester Bestandteil der Bewerbungsmappe. Und auch wenn ihr Stellenwert in den letzten Jahren deutlich geringer geworden ist und Personaler sich mehr für Referenzen interessieren, sollten Sie darauf achten, dass Ihr Arbeitszeugnis alle wichtigen Bestandteile enthält. Welche das sind, können Sie der folgenden Checkliste entnehmen.

Checkliste: Was Ihr Arbeitszeugnis enthalten sollte	
Wie wird das Zeugnis überschrieben? z. B. Zwischenzeugnis, Zeugnis, Arbeitszeugnis	
Mit welchem Satz beginnt das Zeugnis? Mit Ihrem Namen oder ihren persönlichen Daten oder mit der Dauer des Arbeitsverhältnisses?	
Wie werden Ihre Aufgaben und Fachkenntnisse beschrieben? Position, Hierarchie, Aufgaben, Kompetenzen, Verantwortung	
Leistungsbeurteilung Wie wird Ihre Leistung hinsichtlich der vier Faktoren Motivation, Leistungsbereitschaft, Arbeitsstil und Erfolge beurteilt?	
Motivation • Identifikation • Engagement, Dynamik • Initiative • Pflichtbewusstsein • Zielstrebigkeit • Fleiß • Interesse • Einsatzbereitschaft • Bereitschaft zu Mehrarbeit	
Leistungsbereitschaft • Belastbarkeit • Ausdauer • Stressstabilität • Flexibilität • Auffassungsgabe	

• Denkvermögen • Urteilsvermögen • Kreativität • Fachwissen • Weiterbildungsbereitschaft	
Arbeitsstil • Sorgfalt • Zuverlässigkeit • Systematik • Methodik • Planung • Selbstständigkeit • Eigenverantwortlichkeit • Arbeitssicherheit • Sauberkeit	
Erfolge • Arbeitsqualität • Verwertbarkeit • Arbeitsquantität und Intensität der Arbeit	
Wie wird Ihr Führungsstil beurteilt? Führungsumfang, Betriebsklima, Mitarbeiterleistung, Mitarbeiterzufriedenheit	
Welche Aussagen gibt es zum Verhalten? Verhalten gegenüber Vorgesetzten, Kollegen und Kunden	
Wie drückt sich der Grad der Zufriedenheit insgesamt aus? Grad und Kontinuität der Zufriedenheit	
Wie endet das Zeugnis? Schlussformel, Zeitpunkt und Grund des Ausscheidens, Dankes- und Bedauerns-Formel, Verständnis, Empfehlung, Zukunftswünsche	
Unterschrift Ausstellungsdatum, Unterschriften, Stempel	

Das Zeugnis sollte stets von Ihrem Vorgesetzten unterschrieben sein. Achten Sie auch darauf, dass Name, Position und Rechtsstellung des Ausstellers ersichtlich sind. Prüfen Sie Ihr Zeugnis auf Vollständigkeit – dazu können Sie die Checkliste auf der vorherigen Seite verwenden – und richten Sie Ihr Augenmerk insbesondere auf die Bewertung Ihrer Tätigkeit. Bei der Interpretation des Zeugnisses können Sie sich an einen Arbeitskollegen oder an Ihren Karriereberater wenden.

2.6 Mit Referenzen Glaubwürdigkeit bieten

Das Einholen einer Referenz dient der Ergänzung der durch Sie gemachten Angaben und des Eindrucks, den Sie beim Bewerbungsgespräch hinterlassen haben. Nachdem sich Ihr potenzieller neuer Arbeitgeber anhand Ihrer Unterlagen und vielleicht mehrerer Gespräche einen Eindruck verschafft hat, möchte er durch einen externen Dritten bestätigt werden. Natürlich kann er dadurch seine eigene Verantwortung nicht abgeben, aber er fühlt sich im Falle einer positiven Beurteilung in seiner Entscheidung bestärkt. Daher kommt der Referenzgebung eine große Bedeutung zu.
Insbesondere, wenn es im Rahmen der Trennung von Ihrem letzten Arbeitgeber nicht ganz harmonisch zuging oder Sie mit Ihrem Vorgesetzten über bestimmte Dinge unterschiedlicher Meinung waren, müssen Sie diesem Thema Ihre Aufmerksamkeit schenken.

Auswahl der Referenzgeber

Als Referenzgeber sollten Sie vor allem neutrale Personen wählen, da diese glaubwürdiger erscheinen. Nicht geeignet sind deshalb all diejenigen, bei denen der Verdacht naheliegt, dass sie Ihnen vielleicht nur einen Gefallen erweisen wollen, wie beispielsweise Freunde, Verwandte und Arbeitskollegen, zu denen eine enge Beziehung besteht. Seriös wirken dagegen Referenzen von Personen, die Ihr Arbeitsverhalten und Ihre Leistungsfähigkeit objektiv beurteilen können. Dies sind unter anderem direkte Vorgesetzte, Lehrkräfte wie Ausbilder und Professoren, aber auch Praktikumsbetreuer oder Mentoren.

Schriftliche Referenzen

Schriftliche Referenzen bzw. Empfehlungsschreiben können Sie bei Ihrer Bewerbung direkt im Anschreiben erwähnen und Ihrer Mappe beilegen. Die Referenzen sollten folgende Themen beinhalten:

1. In welchem Arbeits-/Lernverhältnis standen Sie als Empfänger des Empfehlungsschreibens zum Aussteller?
2. In welchem zeitlichen Rahmen hatten Sie miteinander zu tun?
3. Was haben Sie – vom Standpunkt des Referenzgebers aus betrachtet – genau getan bzw. geleistet?
4. Welche Erfolge haben Sie erzielt? Was wurde dank Ihres Engagements erreicht?
5. Welche Stärken und Qualitäten haben Sie unter Beweis gestellt?
6. Was war der Grund Ihres Ausscheidens? (optional)

Empfehlungsschreiben sind persönliche Statements und werden in der Ich-Form verfasst. Das Schreiben sollte nicht länger als eine Briefseite sein und immer mit einer Einschätzung oder Gesamtwürdigung sowie einer Prognose enden.

Mündliche Referenzen

Verfügen Sie nicht über ein Empfehlungsschreiben, sondern möchten eine Person direkt als Referenz angeben, können Sie den letzten Absatz Ihres Anschreibens z. B. folgendermaßen einleiten: „Max Muster, Leiter der Pharma Deutschland GmbH, Telefonnummer: 012-33 44 55 66, bestätigt Ihnen gern meine Team- und Leistungsstärke." Haben Sie mehrere Referenzpersonen, bei denen Ihr potenzieller Arbeitgeber Auskunft einholen kann, dann nennen Sie diese in einer gesonderten Liste oder am Ende Ihres Lebenslaufs. Dabei sollten Sie Folgendes angeben: Titel und Name des Referenzgebers, seine Position, Durchwahl und/oder E-Mail-Adresse, die Organisation und deren Rechtsform sowie den Ort. Beschränken Sie sich auf maximal drei Personen.

Bevor Sie jemanden als Referenz angeben, informieren Sie diese Person natürlich über Ihr Vorhaben und stimmen die Punkte, die sie bei einer telefonischen Anfrage Ihres potenziellen neuen Arbeitgebers erwähnen sollte, mit ihr ab. Das folgende Beispiel hilft Ihnen, den Einstieg in das Gespräch mit dem Referenzgeber zu finden:

Beispiel: Potenziellen Referenzgeber anfragen

„Falls ich im Rahmen meiner Bewerbungskampagne nach Referenzgebern gefragt werde, würde ich gern Sie nennen, da Sie meine Leistungen der vergangenen sieben Jahre am besten beurteilen können. Dafür bitte ich Sie um Ihr Einverständnis ... Vielen Dank! Ich habe einige Punkte zusammengestellt, die Sie bei einer telefonischen Anfrage erwähnen könnten. Die Inhalte würde ich gern mit Ihnen abstimmen."

Kennzeichnen Sie das genannte Blatt deutlich als Entwurf und legen Sie ruhig einen Text vor, in dem bereits Korrekturen vorgenommen wurden. Dies dokumentiert den Entwurfscharakter und verhindert, dass Ihr Referenzgeber sich überfahren und gemaßregelt fühlt.

Umgang mit Referenzen im Vorstellungsgespräch

Nennen Sie erst einen Referenzgeber auf Anfrage. Meist wird es erst relevant, wenn man „eine Runde weiter" ist. Das heißt, der Arbeitgeber zieht Sie in die engere Wahl und möchte weitere Informationen über Sie haben.

Wenn man Sie nun in einem Interview nach Referenzgebern fragt, so brauchen Sie diese nicht spontan zu nennen. Ebenso sollten Sie keine fertige Liste aus der Tasche ziehen. Bieten Sie Ihrem Gesprächspartner an, ihn am nächsten Tag anzurufen, da Sie Ihre Referenzgeber gern aktuell um ihr Einverständnis bitten möchten. Diese Vorsichtsmaßnahme gibt Ihnen Gelegenheit, sich mit den betreffenden Personen in entscheidenden Punkten genau abzustimmen. Fragen Sie auch nach, wie viele Referenzgeber ihr Gesprächspartner haben möchte.

Es ist wichtig, den Referenzgeber zu informieren, *bevor* er angerufen wird. Um welche Position geht es überhaupt? Was sind die Schwerpunkte und Aufgaben? Ihr Referenzgeber muss die Möglichkeit erhalten, sich vorzubereiten. Falls es schwierige Fragen in dem Gespräch oder heikle Punkte gab, scheuen Sie sich nicht, auch das mit ihm durchzusprechen. Falls Sie merken, dass der Referenzgeber vielleicht unsicher ist oder vielleicht halbherzig wirkt, fragen Sie ihn, ob er vielleicht lieber doch keine Referenz abgeben möchte, manchen liegt es einfach nicht, sich in der Form zu äußern.

Wenn Sie Ihrem potenziellen neuen Arbeitgeber dann Ihre Referenzpersonen nennen, so denken Sie wiederum an die notwendigen Marketingaspekte. Geben Sie neben dem Namen auch Titel und Position Ihres Fürsprechers an. Liefern Sie außerdem dessen Telefonnummer mit Angabe von Zeiten, zu denen er erreichbar ist. Ebenso gehört der Name der Sekretärin Ihres Referenzgebers zu Ihren Angaben. Allein dadurch, wie und wie vollständig Sie diese Informationen übermitteln, zeigen Sie Professionalität und Zuverlässigkeit. Versuchen Sie unbedingt, die Liste mit Ihren Angaben direkt dem Gesprächspartner zu übergeben, der Sie danach fragte, und lassen Sie sich nicht im Vorzimmer abwimmeln. Sie haben hier eine Bringschuld und damit einen legitimen Aufhänger, um wieder Kontakt zu dem zuständigen Personalverantwortlichen zu suchen und möglicherweise gleich weitere Dinge zu besprechen.

Natürlich kommt es auch vor, dass Ihr potenzieller neuer Arbeitgeber seine persönlichen Kontakte nutzt, um Informationen über Sie einzuholen, ohne Sie danach zu fragen, mit wem er reden darf. Dies können Sie nicht verhindern. In einem solchen Fall bewährt sich Ihre konsequente Integrität, Ihr ehrliches und loyales Verhalten.

3 Werden Sie aktiv: Ihr Weg zum neuen Job

Nutzen Sie für die Suche nach Ihrem neuen Job alle Wege, die Ihnen offenstehen. In diesem Kapitel stellen wir Ihnen verschiedene Möglichkeiten vor: wie Sie Stellenanzeigen analysieren, netzwerken, Personalberater einsetzen, sich initiativ bewerben und ein Stellengesuch schalten. Ein Mix aus diesen Methoden wird Sie zum Ziel bringen.

3.1 Wie Sie Stellenanzeigen analysieren

Da Stellenanzeigen prinzipiell allen Arbeitsuchenden zugänglich sind, erhält ein Unternehmen auf eine Ausschreibung meist sehr viele Bewerbungen. Ihre Konkurrenz ist also groß. Umso wichtiger ist für Sie die optimale Gestaltung aussagekräftiger Bewerbungsunterlagen. Die genaue Analyse der Stellenanzeige ist dafür eine wesentliche Voraussetzung. Im Folgenden werden zunächst die einzelnen Elemente einer Ausschreibung betrachtet und anschließend die gesamte Anzeige analysiert.

Unternehmen und Branche („Wir sind ...")

Die Selbstdarstellung verrät Ihnen viel darüber, wie das Unternehmen in der Öffentlichkeit wahrgenommen werden möchte.

Beispiel: Unternehmensvorstellung

Wir sind Teil einer führenden international tätigen mittelständischen Gruppe mit einigen Gesellschaften im Maschinen- und Anlagebau für die Lebensmittelindustrie. In unserem Segment sind wir weltweit der größte Anbieter. Wir entwickeln und vertreiben modernste Systemtechnik mit einer sechsstelligen Umsatzhöhe. Dabei orientieren wir uns an den neuesten technologischen Entwicklungen und bauen so unsere hervorragende Position in diesem Markt stetig und konsequent aus. Unsere renommierten internationalen Kunden stammen aus Industrie und Handwerk. Der Firmensitz befindet sich in Süddeutschland.

Wir empfehlen Ihnen, sich nicht allein auf die Informationen aus der Anzeige zu verlassen, sondern sich durch einen Blick auf die Firmen-Website und weitere Internetrecherchen zusätzlich über das Unternehmen zu informieren. Auch Ihr persönliches Netzwerk (siehe die Kapitel ab S. 99) kann Ihnen wichtige Hinweise liefern.
Hat ein Personalberater die Anzeige geschaltet, so wird in aller Regel das einstellende Unternehmen nicht genannt. Dennoch finden Sie verschlüsselte Angaben zu dieser Firma. Achten Sie jedoch genau darauf, welche Angaben sich auf das Unternehmen und welche sich auf die Personalberatung beziehen.
Gelegentlich gibt es auch Anzeigen, in denen weder Unternehmen noch Berater genannt werden. Dann sollten Sie vorsichtig sein. Bei Chiffre-Anzeigen erhalten Sie in den seltensten Fällen eine Rückmeldung oder Ihre Unterlagen zurück. Ist es keine Chiffre-Anzeige und nur eine Telefonnummer angegeben, so handelt es sich mit Sicherheit um ein unseriöses Angebot.

Aufgaben

Die Darstellung der Aufgaben erfolgt zum Teil im Fließtext, oft aber auch in Stichworten. Dabei tauchen eventuell Begriffe oder Formulierungen auf, die auf den ersten Blick nicht selbsterklärend sind. Recherchieren Sie deren Bedeutung, um entscheiden zu können, ob die genannten Tätigkeitsfelder Ihrer Qualifikation und Ihrer beruflichen Zielvorstellung entsprechen.

Beispiel: Aufgabenbeschreibung

Zu Ihren Aufgaben zählen die Erstellung von Monats- und Jahresabschlüssen sowie des Konzernreportings, das Sicherstellen der zeitnahen Verbuchung aller Geschäftsvorfälle, das zielgerichtete Steuern und Führen des Debitoren- und Kreditorenmanagements sowie die Bearbeitung steuerlicher Themen. Ebenso sind Sie kompetenter Ansprechpartner für Wirtschaftsprüfer und Steuerberater in allen betriebswirtschaftlichen Belangen. Das ziel- und ergebnisorientierte Führen Ihres Teams von acht Mitarbeitern rundet den Verantwortungsbereich ab.

Fachliche Anforderungen („Wir suchen ...")

Den Hauptteil der Stellenanzeige bilden die fachlichen Anforderungen. Hier finden sich Aussagen zu folgenden Aspekten:

- Ausbildungshintergrund entsprechend der Stellenanforderungen
- Berufserfahrungen
  Unternehmen möchten die Einarbeitungszeit reduzieren und von Ihren Erfahrungen profitieren. Daher sollten Sie Berufserfahrungen, die zur angestrebten Stelle passen, in Ihrer Bewerbung besonders hervorheben.
  Die Beschreibung der vorausgesetzten Berufserfahrungen enthält häufig versteckte Angaben zum Alter des Bewerbers. Beispielsweise kann ein Mitarbeiter mit ersten Berufserfahrungen nicht 48 Jahre alt sein. Sind Sie nur wenige Jahre älter als der ideale Kandidat, der durch die Anzeige gesucht wird, können Sie sich unbesorgt bewerben. Ist die Altersdifferenz größer, wird Ihre Bewerbung vermutlich schnell aussortiert. Sie sollten sich in diesem Fall vorab kurz telefonisch beim Unternehmen erkundigen; empfehlenswert ist auch eine Initiativbewerbung (siehe S. 118).
- Führungserfahrung
  Bei Führungsaufgaben finden Sie oft Angaben zum gewünschten Führungsstil und zum Verantwortungsbereich. Auch darauf sollten Sie in Ihrer Bewerbung eingehen.
- Sprach- und EDV-Kenntnisse
  Die zunehmende internationale Ausrichtung vieler Unternehmen macht das Beherrschen von Fremdsprachen immer wichtiger. Grundlegende EDV-Kenntnisse werden mittlerweile vorausgesetzt.

Beispiel: Fachliche Anforderungen

Für diese Aufgabe stellen wir uns eine souveräne und integere Führungspersönlichkeit vor, die bereits einige Jahre Erfahrung, idealerweise aus dem Maschinen- und Anlagebau, mitbringt. Aufbauend auf einem wirtschaftswissenschaftlichen Studium bzw. einer vergleichbaren kaufmännischen Qualifikation sind Sie heute in einer ähnlichen Funktion oder in der zweiten Reihe im Bereich Rechnungswesen/Finanzen mit Führungs- und Teamverantwortung tätig. Wir suchen das Gespräch mit Personen, die mittelständische Produktionsprozesse mit Projektgeschäft kennen.

Praxiserprobte EDV- (MS Office, Buchungssoftware) sowie gute Englischkenntnisse runden Ihr Profil ab.

Persönliche Anforderungen/Soft Skills

Persönliche Anforderungen werden im Berufskontext auf immer wiederkehrende Weise mit Schlüsselwörtern wie „belastbar", „flexibel", „motiviert", „mobil", „konfliktfähig" usw. beschrieben. Diese Begriffe sind zunächst natürlich sehr abstrakt. Versuchen Sie aus dem Kontext der Anzeige und dem Internetauftritt der Firma herauszulesen, welche Bedeutung das Unternehmen diesen Begriffen gibt. So kann sich beispielsweise „Flexibilität" auf Ihre Arbeitsorganisation, Ihre Lernfähigkeit, Ihren Umgang mit Kunden oder Ihre Zeit beziehen.
Die folgenden Beispiele (die wir dem Buch „Personalauswahl" von Boris von der Linde und Sonja Schustereit entnommen haben) geben Ihnen Hinweise darauf, wie gängige Soft Skills häufig ausgelegt werden:

Delegation

- Vereinbart eine klare Aufgabenstrukturierung und verbindliche Ziele mit Mitarbeitern und Mitarbeiterinnen
- Orientiert sich im eigenen Führungsverhalten an transparenten, für Mitarbeiter und Mitarbeiterinnen nachvollziehbaren Grundsätzen, z. B. klaren Regelungen, wie im Falle von Fehlern verfahren wird, wann und in welcher Form Unterstützung seitens der Führungskraft zu erwarten ist und wann nicht, wie Arbeitsergebnisse bewertet werden
- Delegiert nicht nur Aufgaben, sondern auch Verantwortungs- und Entscheidungskompetenz
- Hat differenzierte Vorstellungen vom Einsatz von Führungsinstrumenten (Zielvereinbarungen, Einsatz von Mitarbeitergesprächen, persönliches Coaching)
- Sieht und nutzt Delegation auch zur zielgerichteten Entwicklung der eigenen Mitarbeiter und Mitarbeiterinnen (im Sinne einer Personalentwicklung)
- Formuliert Soll/Ist-Abweichungen gegenüber Mitarbeitern und Mitarbeiterinnen klar und verständlich

Kommunikative Fähigkeiten

- Verfügt über eine ausgezeichnete Rhetorik:
  - Artikuliert sich deutlich und verständlich
  - Verwendet nachvollziehbare Formulierungen
  - Spricht mit angemessener Geschwindigkeit
  - Verwendet keine „Schleifen“ und unangemessene Wiederholungen
  - Unterstreicht das Gesagte durch lebendige Mimik und Gestik
- Versteht es, eine gute Beziehung zu unterschiedlichen Gesprächspartnern aufzubauen
  - Gestaltet die Kommunikation ausgewogen, d. h., kommuniziert auf der Sach- und Beziehungsebene
  - Stellt ein positives Gesprächsklima her (Warm-up-Phase, nonverbale Kommunikation)
  - Hört aufmerksam zu und signalisiert dies durch Nachfragen, mimische Bestätigungen usw.
  - Geht aktiv auf andere zu, gestaltet Gesprächssituationen aktiv mit
  - Kann mit unterschiedlichen Gesprächspartnern differenziert umgehen
- Verfügt über gute Techniken der Gesprächsführung:
  - Benutzt gezielt eingesetzte Fragen zur Steuerung eines Gesprächs (Fragen, die Gesprächspartner an die Problemerkennung heranführen; offene Fragen, um Gesprächspartner zum Sprechen anzuregen usw.)
  - Gibt Gesprächspartnern ausreichend Raum für deren Ausführungen
  - Bleibt im Verlauf eines Gesprächs beim Thema, schweift nicht ab
  - Lässt sich auch durch unkonkrete Gesprächspartner nicht von seinem/ihrem Gesprächsthema und -ziel abbringen

Überzeugungskraft

- Gesamtbild: wirkt souverän und überzeugend
- Versteht es, die eigenen Stärken darzustellen (verkauft sich gut, ohne dabei zu übertreiben)

- Versteht es, Gesprächspartnern Ziele und Nutzen von diskutierten Vorschlägen zu vermitteln
- Antizipiert die Wirkung der eigenen Aussagen auf andere, indem er/sie z. B. mögliche Gegenargumente vorwegnimmt (gute Form des Umgangs mit Einwänden)

Konfliktfähigkeit

- Lässt sich argumentativ auf notwendige Konflikte ein
- Vertritt seinen/ihren Standpunkt gegebenenfalls fest und ausdauernd
- Akzeptiert auch andere, gut begründete Positionen
- Geht Konflikten nicht durch faule Kompromisse aus dem Weg
- Arbeitet an kompromissfähigen Lösungen
- Trägt Konflikte ruhig und sachlich aus
- Nimmt Einfluss auf Entscheidungsprozesse
- Treibt die Umsetzung von Entscheidungen im eigenen Bereich mit Nachdruck voran
- Verfolgt Ziele des eigenen Aufgabenbereichs konsequent

Unternehmerisches Denken

- Motiviert Mitarbeiter und Mitarbeiterinnen zu kostenbewusstem Handeln, indem er/sie auf das Erkennen von Einsparpotenzialen drängt, ressourcen- bzw. kostenorientierte Qualitätsstandards setzt, ressourcen- bzw. kostenorientierte Ziele mit Mitarbeitern und Mitarbeiterinnen verabredet
- Orientiert sich im eigenen Bereich an unternehmerisch ausgerichteten Bewertungs- und Erfolgskriterien
- Erkennt mögliche Einsparpotenziale bei Projekten und versucht, diese schon in der Planung zu berücksichtigen
- Hat ein gutes Verständnis für zahlenbezogene Vorgänge und Zusammenhänge

Abschluss- und Kontaktinformationen

Dieser Abschnitt der Stellenanzeige enthält in der Regel die Kontaktdaten des Ansprechpartners, von dem Sie weitere Informationen zu der Position erhalten können. Gelegentlich finden Sie hier auch Angaben zur Vergütung und zu besonderen Leistungen.

Beispiel: Angaben zu Vergütung und besonderen Leistungen

- Attraktive fixe Vergütung plus erfolgsabhängige variable Vergütung
- Eine betriebliche Altersversorgung und Möglichkeiten der zusätzlichen privaten Rentenvorsorge werden angeboten.
- Betriebskindertagesstätte

So analysieren Sie die gesamte Stellenanzeige

Stellen Sie alle Informationen aus einer Ausschreibung systematisch zusammen und überlegen Sie, ob noch Unklarheiten bestehen. Konzentrieren Sie sich dabei nicht allein auf die einzelnen Elemente der Anzeige, sondern versuchen Sie, das Anforderungsprofil insgesamt in den Blick zu nehmen. Klären Sie auch die Bedeutung von Begriffen, die Sie nicht kennen.
Stellen Sie sich schließlich den Arbeitsplatz gedanklich vor und fragen Sie sich, ob Kompetenzen, die für eine erfolgreiche Erfüllung der genannten Aufgaben nötig sind, möglicherweise in der Anzeige nicht erwähnt werden. Solche fehlenden Kompetenzen sind ideal als Basis für Ihr Gespräch mit dem Personalverantwortlichen.
Die folgende Vorlage kann Ihnen bei der Analyse der Stellenanzeige helfen.

Checkliste: Stellenanzeigen analysieren		
Elemente	**Aussage der Stellenanzeige**	**Was ist noch zu klären?**
Unternehmen und Branche		
Aufgaben		

Elemente	Aussage der Stellenanzeige	Was ist noch zu klären?
Fachliche Anforderungen: • Ausbildungshintergrund • Berufserfahrung • Führungserfahrung • Sprach- und EDV-Kenntnisse		
Persönliche Anforderungen		
Abschlussinformationen		

Gleichen Sie Ihr Profil mit der Anzeige ab

Nachdem Sie die Stellenanzeige analysiert haben, prüfen Sie, ob Ihr Profil den Anforderungen entspricht. Beantworten Sie dabei die folgenden Fragen: Kann ich die Anforderungen erfüllen? Verfüge ich über die passende Berufserfahrung und kann ich damit überzeugen? Unterscheiden Sie hinsichtlich der Anforderungen zwischen K.-o.-Kriterien und Kann-Kriterien:

K.-o.-Kriterien

Die Erfüllung bestimmter Anforderungen ist unabdingbare Voraussetzung für die Einstellung. Können Sie diese Kriterien nicht erfüllen, ist eine Bewerbung kaum sinnvoll.

Beispiel: K.-o.-Kriterien

Ein Unternehmen mit französischer Muttergesellschaft sucht einen kaufmännischen Leiter mit verhandlungssicheren Französisch-Kenntnissen. Wenn Sie kein Französisch sprechen, ist Ihre Bewerbung aussichtslos.

Kann-Kriterien

Diese Anforderungen müssen Sie nicht unbedingt erfüllen, um für eine Einstellung in Betracht zu kommen. Bedenken Sie aber: Bei der Fülle an Bewerbungen finden sich meist Kandidaten, die auch alle Kann-Kriterien erfüllen. Deshalb ist es wichtig, dass Sie eine fehlende Kann-Kompetenz durch eine interessante Stärke an anderer Stelle ausgleichen können.

So entscheiden Sie sich für oder gegen eine Bewerbung

Nachdem Sie geklärt haben, ob Sie die Anforderungen erfüllen können, müssen Sie entscheiden, ob Sie diese Aufgabe übernehmen möchten. Sind Sie bereit, die Anforderungen zu erfüllen? Stellen Sie auch fest, ob der Job zu Ihren Zielen, zu Ihrer Strategie passt.

Machen Sie sich bewusst, dass es weder die „ideale" Position noch den „idealen" Bewerber gibt. Bei der Entscheidung, ob Sie sich auf eine Stellenanzeige bewerben, müssen Sie Kompromisse bezüglich Ihrer Idealvorstellungen eingehen.

Auf der folgenden Seite finden Sie eine Vorlage zum Abgleich Ihres Profils mit den Anforderungen der Stellenanzeige. Mit Hilfe dieses Arbeitsblatts können Sie Ihre Entscheidung für oder gegen eine Bewerbung auf ein bestimmtes Stellenangebot vorbereiten. Wir empfehlen Ihnen dabei folgende Vorgehensweise:

- Schreiben Sie zuerst die Anforderungen auf, die in der Anzeige genannt werden.
- Kennzeichnen Sie die K.-o.-Kriterien.
- Nennen Sie die Elemente aus Ihrem Profil, die Sie dem Unternehmen als Antwort auf die Anforderungen anbieten können. Zusätzliche Kompetenzen, auf die Sie verweisen möchten, obwohl die entsprechenden Anforderungen im Stellenangebot nicht genannt werden, geben Sie zum Schluss an.

Nutzen Sie diese Übersicht auch als Themensammlung für die Erstellung Ihres Anschreibens, auf das wir in Kapitel 3.4 ab S. 91 eingehen werden.

Formular: Gleichen Sie Ihr Profil mit den Anforderungen der Stellenanzeige ab			
Elemente	**Aussage der Stellenanzeige**	**K.-o.-Kriterium Ja/Nein?**	**Was bieten Sie an?**
Unternehmen und Branche			
Aufgaben			
Fachliche Anforderungen: • Ausbildungshintergrund • Berufserfahrung • Führungserfahrung • Sprach- und EDV-Kenntnisse			
Persönliche Anforderungen			

Formular: Gleichen Sie Ihr Profil mit den Anforderungen der Stellenanzeige ab			
Elemente	**Aussage der Stellenanzeige**	**K.-o.-Kriterium Ja/Nein?**	**Was bieten Sie an?**
Abschluss-informationen			

3.2 Erarbeiten Sie Kompetenz-Fragen

Um aus dem Mainstream herauszustechen, erarbeiten Sie nun überzeugende Kompetenz-Fragen, die Sie Ihrem Ansprechpartner stellen, meist in einem Telefonat im Vorfeld Ihrer Bewerbung (siehe folgendes Kapitel ab S. 89). Durch diese Fragen signalisieren Sie nicht nur Ihr Interesse an der ausgeschriebenen Stelle, sondern verweisen vor allem auf Ihre fachlich-inhaltliche Kompetenz.

Was sind Kompetenz-Fragen?

Diese Fragen, mit denen Sie Ihre Kompetenz signalisieren, können nur solche sein, die sich ein Bewerber ohne Ihre berufliche Erfahrung nicht überlegen würde. Oder er könnte eine solche Frage nicht griffig formulieren, da er nicht über Ihre fachlich-inhaltliche Terminologie verfügt.

Keine Kompetenz-Fragen sind demzufolge solche Fragen, die auch jeder andere stellen könnte, der eben nicht Ihre Kompetenz besitzt. Insbesondere sind dies jene inflationär gebrauchten trivialen Fragen wie:

- „Ist die Stelle noch zu besetzen?“
- „An wen berichtet der Stelleninhaber?“
- „Was verstehen Sie unter xyz?“

- „Gehört auch der Bereich XYZ zu den Aufgaben der ausgeschriebenen Stelle?“
- „Verstehe ich richtig, dass mit xyz das XYZ gemeint ist?“

Kompetenz-Fragen sind immer offene Fragen, also keine, die mit „Ja“ oder „Nein“ beantwortet werden können. Sie beginnen beispielsweise mit:

- welche
- inwieweit
- wie
- warum
- in welchem Umfang
- was
- inwiefern

Durch diese Art von Fragen kommt ein Dialog zustande, bei dem sich Ihr Ansprechpartner informativ äußert. Gleichzeitig verdeutlichen Sie, dass Sie etwas von dem Sachverhalt verstehen, zu dem Sie die Fragen stellen. Kompetenz-Fragen sind somit eigentlich Kompetenz-Statements, also Ausdruck Ihrer Kompetenz, in offener Frageform.

Wie Sie Kompetenz-Fragen entwickeln

In Kapitel 3.1 ab S. 73 haben Sie erfahren, wie Sie die fachlich-inhaltlichen Anforderungen der ausgeschriebenen Stelle analysieren und die geforderten Qualifikationen, Kenntnisse, Fähigkeiten und beruflichen Erfahrungen heraussuchen. Oft müssen Sie dazu die Formulierungen der Stellenanzeige interpretieren, also zwischen den Zeilen lesen, was gemeint sein könnte. Ihre Interpretation kann beispielsweise wie folgt lauten:

Beispiel: Interpretation Stellenanforderungen

Der gesuchte Kandidat muss

- ein vorhandenes CI-Design weiterentwickeln können, um verschiedene Markenarchitekturen kommunikativ optimal zu integrieren,
- die MS-Office-Anwendungen bis hin zur Makroprogrammierung sicher beherrschen,

- erfahrungsbasiertes Know-how für eine effektive Umsetzung externer und interner Kommunikationsmaßnahmen haben,
- versiert und routinemäßig sicher im Texten auch komplexer Sachverhalte sein,
- mit allen Facetten der Konzeption und Realisierung von printbasierten Werbematerialien vertraut sein,
- in der Lage sein, Web-Präsentationen bezüglich ihrer informationellen Durchschlagkraft zu beurteilen und gegebenenfalls kommunikationsstrategisch, technisch und hinsichtlich des Designs zu optimieren.

Aus dieser interpretierenden Analyse der Stellenbeschreibung ergeben sich für Sie fachlich-inhaltliche Fragen der folgenden Art:

- Was verbinde ich mit dieser Anforderung aufgrund meiner eigenen beruflichen Erfahrung?
- Welche Probleme können meiner Erfahrung nach in diesem Aufgabenbereich auftreten?
- Inwieweit kenne ich diese Anforderung aus meiner früheren Tätigkeit bei XYZ?

Daraus leiten Sie kurze Statements ab, die Sie als Fragen formulieren und an Ihren Ansprechpartner richten.

Prüfen Sie, ob Sie eine Kompetenz-Frage formuliert haben

Um zu überprüfen, ob Sie in diesem Sinne ein Kompetenz-Statement in offener Frageform erarbeitet haben, stellen Sie sich vor, Ihr Ansprechpartner würde Sie im Gegenzug fragen:

„Warum fragen Sie mich das?“

Darauf müssen Sie sinngemäß antworten können:

„Ich frage das, weil ich aus Ihrer Antwort erkennen kann, inwieweit ich meine beruflichen Erfahrungen, meine Kenntnisse und Fähigkeiten in dieser Position nutzbringend einsetzen kann.“

Generell haben Sie auch die Gelegenheit, von sich aus Ihre Kompetenz noch einmal zu unterstreichen, indem Sie an Ihre Frage ein erläuterndes Statement anschließen, wie z. B.:

„Wissen Sie, ich frage Sie das nämlich deshalb, weil ich aus meiner langjährigen beruflichen Erfahrung bei der Firma XYZ weiß, dass es bei dieser Aufgabe ganz wesentlich darauf ankommt, dass man … beherrscht. Ich kann hier auf einige erfolgreich durchgeführte Projekte verweisen."

Beispiel: Stellenanzeige analysieren und Kompetenz-Fragen ableiten

Im Folgenden zeigen wir Ihnen Schritt für Schritt, wie Sie konkret vorgehen können, wenn Sie Kompetenz-Fragen aus einer Stellenanzeige entwickeln wollen.

Unsere stetige Entwicklung der vergangenen Jahre möchten wir weiter ausbauen mit einem

Leiter (m/w) Marketing

Wir suchen eine kommunikative, überzeugende und authentische Persönlichkeit.

Ihre Aufgaben

- Leitung, Steuerung und Führung der Teams Werbung, Kundenbindung, Presse- und Öffentlichkeitsarbeit
- Erstellung der Mediaplanung und Erarbeitung des Mediabudgets
- Verantwortung für die Planung und Durchführung aller Werbemaßnahmen sowie für die Erstellung und Einsatzplanung aller Werbemittel
- Steuerung der Presse- und Öffentlichkeitsarbeit
- Zusammenarbeit mit dem Bereich Vertrieb

Wir freuen uns darauf, Sie kennen zu lernen. Ihre Bewerbung richten Sie an Frau Beate Mayer.

1. Schritt: Stellenausschreibung analysieren

Der Bewerber soll

- über fundiertes Know-how in Werbung, Kundenbindung, Marketing und PR-Arbeit verfügen,
- die Wirkungsbeiträge der einzelnen Medien detailliert kennen,
- auf dieser Basis Werbekonzepte erstellen und umsetzen, um die positive wirtschaftliche Entwicklung des Unternehmens weiter fortzuführen,
- über die Mediaplanung hinaus auch über langjährige Expertise in der Erstellung und Einsatzplanung von Werbemitteln (Broschüren, Flyer, Give-aways) verfügen,
- dadurch den Vertrieb mit optimalen Verkaufsunterlagen für die einzelnen Dienstleistungen des Unternehmens unterstützen,
- durch gezielte PR-Arbeit das Bild des Unternehmens in der Öffentlichkeit positiv prägen,
- über das dafür notwendige Know-how aufgrund seiner langjährigen beruflichen Erfahrung verfügen,
- Marketing primär als Dienstleistung für den Vertrieb verstehen und
- sich mit allen Facetten von Kundenbindungsmaßnahmen auskennen.

2. Schritt: Kompetenz-Fragen und Statements ableiten

Aus dieser Analyse könnten Sie z. B. die folgenden Kompetenz-Statements in offener Frageform ableiten:

Statement und Kompetenz-Frage 1

Ich kenne Ihr Unternehmen recht gut und sehe, dass Sie mit Ihrem Marketingkonzept durchaus erfolgreich sind. Sagen Sie, in welchem Maße führen Sie die Mediaplanung mit eigenen Mitteln durch und inwieweit arbeiten Sie dabei mit externen Dienstleistern zusammen?

Kompetenz-Kontrolle

Wissen Sie, ich frage das nämlich, weil ich zuletzt zehn Jahre lang in der Werbebranche tätig war und eng mit Werbe- und Mediaagenturen zusammengearbeitet habe. Ich habe insoweit langjährige Erfahrung in der Steuerung von externen Dienstleistern, allerdings realisiere ich vieles auch in Eigenregie. So habe ich unter anderem eine sehr erfolgreiche größere Werbekampagne durchgeführt, wobei ich die Mediaplanung selbst gemacht habe und nur die Kreativleistung nach außen gegeben habe.

Statement und Kompetenz-Frage 2

Die Planung eines Werbeauftritts in den Medien ist das eine. Das andere sind Werbemittel (Prospekte, Flyer usw.). Hierbei sind viele Leistungen zu erbringen – vom Text über die Grafik bis hin zum Druck. In welchem Umfang werden diese Arbeiten bei Ihnen im Hause selbst realisiert?

Kompetenz-Kontrolle

Wissen Sie, ich frage das deshalb, weil ich aus meiner bisherigen Tätigkeit in der Werbebranche (Zeitschriften-Verlag, PR-Agentur, Außenwerbung) weiß, wie bedeutsam diese Marketingleistungen für den Vertrieb sind und dass sie professionell getextet und gestaltet sein müssen. Das werbliche Texten auch komplexer Leistungen ist übrigens eine meiner Stärken.

Statement und Kompetenz-Frage 3

Ich habe den Eindruck, dass sich Ihre PR-Arbeit bislang auf Ihr regionales Einzugsgebiet konzentriert. Überregionale PR-Arbeit ist eine besondere Herausforderung. Inwieweit gibt es bei Ihnen Überlegungen, auch potenzielle Kunden in anderen Regionen anzusprechen, z. B. durch Medien-Kooperationen?

Kompetenz-Kontrolle

Ich stelle die Frage deshalb, weil ich in meiner früheren Tätigkeit als PR-Verantwortlicher stark auf die Vertriebsunterstützung fokussiert war. Beispielsweise habe ich sehr erfolgreich in Kooperation mit anderen regionalen Medien über Gewinnspiele und Verlosungen neue Kunden gewinnen können und so den Umsatz nachhaltig gesteigert.

Statement und Kompetenz-Frage 4

Ich denke, dass es auch bei Ihnen ein wichtiges Ziel ist, Einmal- und Wenig-Kunden zu einem häufigeren Einkauf zu bewegen. Inwieweit gibt es bei Ihnen in diesem Zusammenhang schon verlässliche Kundenbefragungen?

Kompetenz-Kontrolle

Ich frage das, weil ich mich mit dem Instrument der professionellen Kundenbefragung zur Steigerung der Kauffrequenz bestens auskenne. In jüngster Zeit habe ich dazu unter anderem innovative Online-

Befragungen entwickelt und durchgeführt – mit einem weit überdurchschnittlichen Feedback. Das hat zu konkreten Ansatzpunkten für intensivere Kundenbindungsmaßnahmen geführt.

3.3 Rufen Sie vor Ihrer Bewerbung an

Es ist taktisch klug, im Vorfeld Ihrer Bewerbung ein Telefonat mit einer Person aus dem Unternehmen zu führen, die entscheidungsbefugt ist, also Einfluss auf die Vorauswahl der Bewerber hat. Verwenden Sie in diesem Gespräch die zuvor erarbeiteten Kompetenz-Fragen bzw. -Statements (siehe Kapitel 3.2 ab S. 83). Dadurch ergibt sich meist ein sehr informativer Dialog. Sie erhalten Hinweise auf Art und Umfang der Tätigkeit und auf Randbedingungen der ausgeschriebenen Position, die Sie so nicht in der Stellenanzeige lesen konnten.

Fast immer endet ein solches Telefonat mit der Aufforderung Ihres Gesprächspartners: „Dann schicken Sie uns doch einmal Ihre Bewerbungsunterlagen.“ Nun können Sie ein Anschreiben verfassen, das an das Telefonat anknüpft, sich vom Stil und Inhalt her von der Masse der übrigen Bewerbungsschreiben kompetent abhebt und wahrscheinlich mit überdurchschnittlicher Aufmerksamkeit gelesen wird. Wie Sie Ihr Anschreiben überzeugend gestalten, erfahren Sie in Kapitel 3.4 ab S. 91.

Aber zunächst schreiben Sie unmittelbar nach Beendigung Ihres Telefonats eine **Sofort-Notiz** mit möglichst vielen wörtlichen Zitaten Ihres Gesprächspartners. Dadurch können Sie den Originalton des Gesagten festhalten. Das hilft Ihnen im nächsten Schritt, das Anschreiben empfängerorientiert zu formulieren.

Bei der Erstellung des Anschreibens gelten also ähnliche Leitlinien wie im Vertrieb:

- Der Bedarf des Kunden (der in diesem Fall der Adressat des Bewerbungsschreibens ist) muss durch aktives Zuhören erfragt werden (hier: durch Verwendung von Kompetenz-Fragen bzw. -Statements).
- Das Ergebnis der Bedarfsermittlung muss in einem **Feedback-Brief** an den Kunden festgehalten werden, damit dieser sehen

kann, ob sein Bedarf bzw. sein Problem vom Anbieter verstanden worden ist.

- Dann erst wird mit Bezug auf die Bedarfsermittlung dem Kunden ein (noch vorläufiges) Angebot erstellt.
- Trifft das Angebot aus Sicht des Kunden seinen Bedarf bzw. sein Problem, wird es gegebenenfalls zu weiteren Verkaufs- und Preisverhandlungen kommen, an deren Ende ein Verkaufsabschluss stehen kann.

Ihr Anschreiben hat in diesem Fall die Funktion des erwähnten Feedback-Briefs. Es

- knüpft an den telefonischen Dialog an,
- fasst die Erläuterungen zur Stellenausschreibung zu einem Ergebnis zusammen,
- schlägt die Brücke zu Ihren Kompetenzen,
- resümiert Ihre Eignung als Bewerber und
- legitimiert damit Ihre Bewerbung.

Als abschließenden Satz formulieren Sie ein so genanntes Response-Element (ein Begriff aus dem werblichen bzw. vertrieblichen Umfeld). Dadurch bringen Sie nicht zum Ausdruck, was Sie als Absender gern möchten oder hätten, sondern was der Adressat als nächstes tun sollte. Schreiben Sie also nicht:

„Über eine Einladung zu einem (Bewerbungs-)Gespräch würde ich mich freuen“,

sondern stattdessen z. B.:

„Machen Sie sich doch einfach einmal in einem persönlichen Gespräch ein vertieftes Bild von mir.“

Dem Bewerbungsschreiben wird im Allgemeinen – sofern im vorherigen Telefonat nicht ausdrücklich etwas anderes gewünscht wurde – in der Anlage zunächst nur der Lebenslauf beigefügt.

3.4 Überzeugen Sie mit Ihrem Anschreiben

Mit der Analyse der Stellenanzeige und dem Telefonat im Vorfeld Ihrer Bewerbung, das Ihnen zusätzliche Informationen verschafft hat, haben Sie eine solide Grundlage für die Erstellung Ihres Anschreibens geschaffen. Diesem kommt neben dem Lebenslauf eine zentrale Bedeutung bei der Bewerbung zu. Ist der erste Eindruck nicht positiv, wird es Ihnen schwerfallen, das noch zu korrigieren. Personal-Profis erfassen in sehr kurzer Zeit Widersprüche, Ungereimtheiten und Schreibfehler.

Von Fach- und Führungskräften wird eine ganz besonders hohe Kommunikationsstärke erwartet. Gerade sie sollten in der Lage sein, die Bedürfnisse des Lesers zu antizipieren und Informationen auf den Punkt zu bringen. Dennoch klagen Personalverantwortliche regelmäßig über folgende Unzulänglichkeiten von Bewerbungsschreiben:

- Der Informationsgehalt ist zu gering.
- Das Anschreiben ist zu lang und/oder in zu kleiner Schrift gehalten.
- Der Verfasser geht nicht auf die Anforderungen der Stellenbeschreibung ein.
- Das Schreiben enthält nichtssagende Floskeln und Rechtschreibfehler.

Wozu dient das Anschreiben und was enthält es?

Fest steht, dass das Anschreiben der wenig geliebte Teil der Bewerbung ist. Nicht selten vergehen Stunden, bis der Entwurf für gut befunden wird. Manche Bewerber lassen das Anschreiben mit Absicht informationsarm und verweisen lediglich auf die restlichen Unterlagen; es erfüllt dann mehr den Zweck eines Begleitschreibens. Personalverantwortliche betrachten das Anschreiben aber als Selbstgutachten über Ihre berufliche Qualifikation und Eignung. Deshalb sollte daraus auch hervorgehen, dass Sie sich sorgfältig mit der Stellenanzeige auseinandergesetzt haben.

Vor allem aber müssen Sie mit Ihrem Anschreiben Aufmerksamkeit und Neugierde wecken, also für sich selbst werben. Vermeiden Sie die reine Aufzählung beruflicher Stationen und konzentrieren Sie sich stattdessen auf die Beantwortung der Frage: „Warum bin ich der/die Richtige für diese Position?“

Um dem Personalverantwortlichen klarzumachen, dass Sie verstanden haben, worum es bei der Stelle geht, und warum Sie geeigneter sind als Ihre Mitbewerber, steht Ihnen genau eine Seite zur Verfügung. Diese sollte klar gegliedert sein und circa drei Absätze in einer gut lesbaren 11- oder 12-Punkt-Schrift umfassen. Wir empfehlen folgenden Aufbau:

- Finden Sie einen packenden Einstieg. (Dies ist oft die größte Hürde!)
- Erläutern Sie in zwei bis drei Sätzen den Grund für Ihre Bewerbung bei der jeweiligen Firma bzw. Ihre Motivation.
- Stellen Sie Ihren wesentlichen Nutzen für das Unternehmen heraus. Nennen Sie dazu
  - wichtige bisherige Tätigkeiten im Überblick,
  - besondere Fähigkeiten, Kenntnisse und fachspezifische Qualifikationen sowie
  - Soft Skills.
- Falls in der Anzeige erbeten, liefern Sie auch Zusatzinformationen wie Ihre Gehaltsvorstellung und den frühestmöglichen Eintrittstermin.
- Finden Sie eine gelungene Verabschiedung.
- Vergessen Sie nicht Ihre Unterschrift.
- Geben Sie Ihre Anlagen an (falls Sie dies nicht schon auf dem Deckblatt getan haben).

Was überzeugt den Leser?

Denken Sie beim Verfassen des Anschreibens immer an den Empfänger – wodurch können Sie sein Interesse wecken, nachdem er bereits zahlreiche Bewerbungen gelesen hat?

Eine ansprechende Einleitung – am besten mit Bezug auf das informative Telefongespräch im Vorfeld der Bewerbung (siehe S. 89) – ist der optimale Beginn. Werden Sie danach schnell konkret und schreiben Sie nicht „um den heißen Brei herum“. Sprechen Sie nur Punkte an, die hundertprozentig zur Stelle gehören, und lassen Sie anklingen, dass Sie sich in diesen Bereichen persönlich und fachlich auskennen. Überhaupt sollte das Anschreiben durchgehend einen

klaren Bezug Ihrer eigenen Berufserfahrung zu den Anforderungen der Anzeige aufweisen. Argumentieren Sie also immer aus Sicht des neuen Jobs. Thematisieren Sie dagegen nichts, was für die Stelle belanglos ist. Benennen Sie eventuell noch einen Zusatznutzen, wenn Sie sicher sind, dass dieser für das Unternehmen von Interesse ist.
Formulieren Sie Ihr Anschreiben getreu dem Motto „Beschreiben, aber nicht bewerten“ und finden Sie dabei einen Mittelweg zwischen Überheblichkeit und Langeweile. Vermeiden Sie Eigenbewertungen und Selbstanklagen. Nutzen Sie aktive Verben und neutrale Ausdrücke. Verwenden Sie kurze Sätze und verzichten Sie auf Abkürzungen und Füllwörter. Beachten Sie auch, dass nicht immer Spezialisten des Fachgebiets Ihre Unterlagen lesen. Diese sollten deshalb in einer allgemein verständlichen Sprache verfasst sein.
Belassen Sie es beim Thema Soft Skills nicht nur bei der Aufzählung. Kombinieren Sie z. B. Ihre Kommunikationsstärke mit Ihrer Fähigkeit zur (Re-)Präsentation, Flexibilität mit internationaler Verantwortung oder Führungsstärke mit Vertrauen und Delegation.
Manchmal ist es von Vorteil, auch den Wechselgrund anzugeben – vor allem in Kombination mit dem frühestmöglichen Eintrittstermin.

Gehaltsangaben im Bewerbungsschreiben

Angaben zum Gehalt sind schwierig, weil Sie vor dem Vorstellungsgespräch nur ansatzweise wissen, welche Leistungen man von Ihnen erwartet. Zur Orientierung können Sie z. B. branchenspezifische Gehaltsvergleiche, die im Internet zu finden sind, nutzen. Vermeiden Sie jedoch, sich auf eine genaue Gehaltsangabe festzulegen. Dies könnte Ihr Weiterkommen im Bewerbungsprozess verhindern. Stattdessen sollten Sie eine Jahresgehaltsspanne nennen.

Abschließende Hinweise

Mit Hilfe der Checkliste auf der folgenden Seite können Sie Ihr Anschreiben noch einmal überprüfen. Lassen Sie außerdem einen Freund oder Kollegen Korrektur lesen, denn vier Augen sehen mehr als zwei. Legen Sie schließlich das fertige Anschreiben lose als erste Seite in die Bewerbungsmappe.

Erfahrungsgemäß ist es sinnvoll, circa fünf bis sieben Werktage nach dem vermutlichen Eingang des Bewerbungsschreibens beim Adressaten telefonisch nachzufassen.

Checkliste: Anschreiben	
Stimmen Absender, Anschrift, Datum und Betreffzeile?	
Richtet sich das Anschreiben an den richtigen Ansprechpartner?	
Haben Sie Bezug genommen auf das Vorabtelefonat?	
Argumentieren Sie von den Anforderungen der angestrebten Stelle her?	
Ist Ihr Schreiben frei von Bewertungen, Problemen und Vorwürfen (gegen Ihren ehemaligen/gegenwärtigen Arbeitgeber)?	
Wenn Sie einen Trennungsgrund angeben: Ist er plausibel?	
Haben Sie STARs in der Kurzform eingebaut? (siehe S. 29)	
Wenn Führungserfahrung gefragt ist: Sind Sie in einem separaten Satz darauf eingegangen?	
Ist Ihr Anschreiben auch für Laien lesbar? Schreiben Sie Klartext?	
Erkennt der Leser, dass Sie Ihr Profil mit dem Stellenprofil abgeglichen haben?	
Wenn nach Ihrer Gehaltsvorstellung und dem frühestmöglichen Eintrittstermin gefragt wurde: Haben Sie diese Informationen berücksichtigt?	
Stimmen Schriftgröße und Gliederung? Ist die Schriftart dieselbe wie im Lebenslauf?	
Haben Sie unterschrieben und gegebenenfalls die Anlagen aufgelistet?	

Auf den folgenden Seiten finden Sie zwei Beispiele für Anschreiben im Feedback-Stil (siehe auch S. 90).

Beispiele für Anschreiben im Feedback-Stil

Werner Beispielmann
Anschrift und Kontaktdaten

Adressat:
Firma
Ansprechpartner
Position
Adresse

Datum

Benennung der Position:
Produktionsleiter Werk Musterstadt

Sehr geehrte(r) Herr/Frau ... (Ansprechpartner),

anknüpfend an das am vergangenen Freitag mit Ihnen geführte informative Telefonat erhalten Sie beigefügt – wie von Ihnen gewünscht – meinen Lebenslauf.

Ich habe verstanden, dass es bei der Produktionsleitung im Werk Musterstadt weniger darum geht, dass ..., als vielmehr darum, dass es dem PM gelingt, in kurzer Zeit ...

Auch habe ich mitgenommen, dass ... Diese Problematik ist mir aus meiner Zeit als Werksleiter bei der Firma XYZ bestens vertraut.

Schließlich haben Sie betont, von dem Bewerber werde insbesondere auch erwartet, dass er ... Dass ich diese Voraussetzungen erfülle, habe ich unter anderem durch die nachweislich erfolgreich durchgeführten Projekte A, B und C bewiesen.

Vor diesem Hintergrund bin ich sicher, dass ich mit meiner langjährigen beruflichen Erfahrung als xyz, mit meinen Kenntnissen und Fähigkeiten Ihren Anforderungen in vollem Umfang gerecht werde.

Daher bewerbe ich mich um die Position des xyz.

Machen Sie sich doch einfach einmal in einem persönlichen Gespräch ein vertieftes Bild von mir.

Mit freundlichen Grüßen
Werner Beispielmann

Sachliche Anknüpfung an das Kompetenz-Telefonat

Die folgenden zwei bis drei Absätze bringen den Gesprächsinhalt griffig auf den Punkt (Feedback).

Mit einem Brückensatz wird auf die relevanten eigenen Kompetenzen verwiesen (siehe Kompetenz-Statements).

Resumé

Konklusion

Response-Element

Claus Clausmann
Anschrift und Kontaktdaten

Firma
Ansprechpartner
Position
Adresse

Datum

Bewerbung als Leiter der Kommunikationsabteilung

Sehr geehrte Frau Meier,

anknüpfend an das sehr angenehme und informative Telefonat vom letzten Mittwoch sende ich Ihnen anbei – wie von Ihnen gewünscht – meine Unterlagen (Lebenslauf inkl. Arbeitsproben).

Ich habe verstanden, dass die Pflege der verschiedenen Unternehmensmarken im Rahmen des Corporate Designs für das Unternehmen hohen Wert hat. Da ich Leiter Unternehmenskommunikation bei meinem derzeitigen Arbeitgeber bin, ist genau dies eine meiner Kernaufgaben. Beispielsweise war das von mir im Jahr 2000 eingeführte CD2004/2005 die Basis für die Integration von inländischen Zukäufen und wurde von mir in den Folgejahren zu einer internationalen Markenarchitektur entwickelt. Meine Design-Kompetenz wurde mir vielfach bestätigt, unter anderem durch vier Auszeichnungen renommierter Institute.

Auch habe ich mitgenommen, dass Ihr Unternehmen eine ausgeprägte textliche Kompetenz erwartet. Dass ich professionelles Texten beherrsche, insbesondere die eingängige Vermittlung komplexer Sachverhalte an eine breite Öffentlichkeit, ergibt sich unter anderem aus meiner langjährigen Erfahrung als Zeitschriftenredakteur und leitender Redakteur einer PR-Agentur. Die Realisierung von werblichen Medien aller Art (Newsletter, Firmenzeitschriften, Kataloge, Broschüren, Geschäftsberichte, Web-Präsenzen) ist mein tägliches Geschäft.

Wir sprachen auch über den Einsatz von externen Dienstleistern zur Erreichung der Kommunikationsziele. Aus meiner Sicht kommt es darauf an, Kernkompetenzen in der eigenen Abteilung zu bündeln und in Ergänzung dazu externe Ressourcen gezielt im Sinne einer verlängerten Werkbank einzusetzen. Aufgrund meiner fachlichen Qualifikation und meiner Hands-on-Mentalität können Sie bei mir sicher sein, dass ich wesentliche Kommunikationsleistungen in Eigenregie realisiere und externe Dienstleister so einsetze, dass Produktivität und Wirtschaftlichkeit optimal verknüpft sind.

Daher bewerbe ich mich als Leiter der Kommunikationsabteilung.

Gern stelle ich mich Ihnen in einem persönlichen Gespräch näher vor.

Mit freundlichen Grüßen
Claus Clausmann

Wichtige Tipps für Bewerbungen per E-Mail

Für die Online-Bewerbung gelten dieselben Qualitätsstandards wie für die klassische Bewerbung. Die einzelnen Bestandteile (Anschreiben, Lebenslauf, weitere Anlagen) sollten – am besten im PDF-Format – angehängt werden. Beachten Sie außerdem folgende Regeln:

Was Sie in der Betreffzeile angeben

Sehr wichtig ist, dass bereits aus dem Betreff eindeutig hervorgeht, auf welche Position Sie sich bewerben. So kann der Empfänger Ihr Anliegen sofort erkennen und Ihre E-Mail landet nicht mit einem Klick im Papierkorb.
Ein eindeutiger Betreff ist z. B. „Bewerbung als Leiter Controlling, Kennziffer: 355B2“ oder „Bewerbung als Senior Consultant, Jobbörse Monster vom 15.9.2011“.

Absenderadresse

Achten Sie darauf, dass Sie eine angemessene E-Mail-Adresse benutzen. Als Standard hat sich mittlerweile die Form Vorname.Nachname@Provider.de durchgesetzt.

Kienbaum-Expertentipp: Kein Spitzname im Absender

Achten Sie darauf, dass Ihr richtiger, vollständiger Name als Absender in Ihrem E-Mail-Client angegeben wird und nicht ein Kosename oder nur der Vorname. Die entsprechenden Einstellungen können Sie in der Software, die Sie nutzen, oder bei dem Dienstleister (wie web.de, Hotmail oder GMX), bei dem Sie eine Webmail-Adresse haben, vornehmen. Senden Sie sich selbst oder einem Freund eine Test-E-Mail! So können Sie prüfen, welcher Name beim Empfänger angezeigt wird.

Prüfen Sie täglich Ihr Postfach, so können Sie zeitnah auf Antworten des Unternehmens reagieren.

Adressat

Stellen Sie sicher, dass Ihre E-Mail den richtigen Ansprechpartner im Unternehmen erreicht. Bei Initiativbewerbungen sollten Sie sich vorab telefonisch oder auf der Firmen-Website nach der korrekten Adresse erkundigen.

Schicken Sie Ihre Bewerbung auf keinen Fall an Sammeladressen wie „info@..." oder „kontakt@...", es sei denn, Sie haben dies mit der zuständigen Person im Unternehmen vorher besprochen. Senden Sie auch keine Massen-E-Mails ohne jeweilige Anpassung an das Unternehmen. Diese werden garantiert nicht bearbeitet.

Attachments/Anhänge

Für eine leichte Bearbeitung und ein geringes Datenvolumen ist es wichtig, dass Sie der Bewerbung nur die Dokumente beifügen, die dafür wesentlich sind. Benennen Sie Ihre Anhänge sorgfältig und aussagekräftig, z. B. „Lebenslauf" oder „Abschlusszeugnis".
Wir empfehlen für die Attachments das PDF-Format. Word- oder Excel-Dateien können Viren übertragen und ihre Formatierung verlieren, komprimierte Dateien wie Zip-Files können von vielen Sachbearbeitern nicht geöffnet werden. Auch werden solche Dateien häufig von der Firewall des Unternehmens blockiert.

Kienbaum-Expertentipp

Zur Erstellung professionell wirkender PDF-Dateien können Sie das kostenlose Programm FreePDF (www.freepdfxp.de) nutzen.

Achten Sie beim Einscannen von Zeugnissen oder Bildern auf eine gute Qualität und ordnen Sie die Anhänge in der Reihenfolge, wie Sie sie im Anschreiben unter „Anlagen" angegeben haben. Schief eingescannte Bilder, Dokumente, die „auf dem Kopf" stehen oder kaum noch lesbar sind, fehlende Seiten oder die falsche Reihenfolge sind häufig der Grund dafür, dass eine Bewerbung frühzeitig aussortiert wird.

Abschließende Überprüfung

Bevor Sie Ihre Bewerbung per E-Mail absenden, können Sie mit Hilfe der folgenden Checkliste noch einmal alles überprüfen.

Checkliste: E-Mail-Bewerbung	
Ist der Betreff eindeutig?	
Senden Sie an die E-Mail-Adresse des relevanten Ansprechpartners?	

Ist die gesamte E-Mail nicht größer als vier Megabyte?	
Sind die Anhänge sauber und gut druckbar eingescannt?	
Stimmt die Reihenfolge der Anhänge?	
Sind die Anhänge eindeutig benannt?	
Haben Sie auf Zip-, Excel- und andere problematische Dateiformate verzichtet?	
Wurden Anschreiben und Anhänge auf Tippfehler geprüft?	
Haben Sie die Lesebestätigung deaktiviert?	
Sind Ihre vollständigen Kontaktdaten in den Unterlagen enthalten?	
Haben Sie die Bewerbung zur Kontrolle vorab an Ihre eigene E-Mail-Adresse geschickt?	

3.5 Nutzen Sie alte und neue Netzwerke

Networking ist ein systematisches und strategisches Vorgehen, das Verknüpfen und Erhalten von Beziehungen zu Freunden, Bekannten, Geschäftspartnern, Förderern etc. Gute Networker können die folgenden Punkte im Wesentlichen bejahen:

- Ihr Netzwerk-Ziel haben Sie immer im Blick.
- Trommeln in eigener Sache gehört für Sie zum Standardwerkzeug.
- Sie sind gern mit Menschen zusammen.
- Gespräche und zwanglose Unterhaltungen mit anderen zu führen macht Ihnen Freude.
- Sie haben Interesse an anderen Menschen und zeigen Anteilnahme.
- Sie führen Kontakte und Begegnungen aktiv herbei.
- Sie lesen regelmäßig eine Tageszeitung.
- Sie investieren Zeit und Geld ins Networking.
- Sie sammeln Informationen und verarbeiten diese kontinuierlich.
- Sie praktizieren den Austausch von Hilfe bzw. Unterstützung. Sie wollen etwas für andere tun.
- Sie pflegen Beziehungen und gestalten sie langfristig.
- Sie sind Mitglied in einem Verband und/oder Verein.
- Sie haben eine ansprechende Visitenkarte.

Bedeutung des Netzwerkens bei der beruflichen Neuorientierung

Bisher ist es Ihnen unter Umständen leichter erschienen, sich auf Anzeigen zu bewerben und im offenen Stellenmarkt zu bewegen. Mit einem zielgerichteten Networking erlangen Sie zusätzlich Zugang zum verdeckten Stellenmarkt, der insbesondere für Führungskräfte deutlich mehr interessante Angebote bietet.
Wie in der folgenden Abbildung veranschaulicht, werden erfahrungsgemäß etwa 70 % der Stellen über den verdeckten Markt besetzt und nur circa 30 % über den öffentlichen Stellenmarkt. Allerdings konzentrieren sich ungefähr 90 % der Bewerber auf Letzteren.

Abbildung: Das Eisbergprinzip, angewandt auf den Stellenmarkt

Für Ihre berufliche Neuorientierung kommt daher der Nutzung Ihrer persönlichen Kontakte eine immer größer werdende Bedeutung zu. Ihre ehemaligen und aktuellen Vorgesetzten, Kollegen, Geschäftspartner und Freunde verfügen außerdem jeweils über eigene Netzwerke. Diese können Ihnen beim Zugang zu beruflich relevanten Informationen und Kontaktpersonen behilflich sein. Vergessen Sie natürlich nicht das älteste Netzwerk der Welt: die eigene Familie.

Privates Networking

Selbst gestandene Manager und Führungskräfte sind sich ihres Netzwerkes oft gar nicht bewusst. Dabei ist es häufig so, dass sie über einen Kontakt ihre jetzige oder eine vorherige Stelle gefunden haben.
Interessanterweise bedienen sich nahezu alle Menschen ihrer Netzwerke, wenn es darum geht, für das private Umfeld wichtige Informationen zu sammeln. Ohne weiter darüber nachzudenken, fragt man den Nachbarn, Tennispartner oder einen (bis dahin noch unbekannten) Freund des Tennispartners nach dem besten Italiener in der Stadt, nach einer guten Autoreparaturwerkstatt oder nach seinen Erfahrungen mit einem bestimmten Urlaubsziel.
Im privaten Umfeld nutzen wir also unsere Netzwerke fast täglich zum eigenen Vorteil. Aber wissen Sie von Ihrem Kollegen, den Sie regelmäßig sehen, mehr als nur den Stadtteil, in dem er wohnt, und die Marke des Autos, das er fährt? So etwas ist für Sie ganz selbstverständlich? Sehr gut – denn das ist der erste Schritt zum professionellen und aktiven Networking.

Ziele des Netzwerkens im Berufsleben

Beim Networking geht es immer um einen Wissensvorsprung. In allen Bereichen, in denen Sie kein Experte sind, kann Ihnen Ihr Netzwerk weiterhelfen. Unterstützung können Sie beispielsweise bei folgenden Vorhaben erhalten:

- Erkunden von Branchennischen
- Einholen von Expertenmeinungen zur eigenen beruflichen Entwicklung
- Beurteilung der Auswirkungen z. B. einer Unternehmensakquisition auf die Anzahl der Mitarbeiter
- Erweiterung des Produktportfolios in Ihrem Zielunternehmen und die Bedeutung für Vertrieb/Einkauf/Marketing
- Berufswechsel, insbesondere in eine fremde Branche
- Marktrecherche in einer Ihnen noch unbekannten Region im In- oder Ausland
- Einholen von Informationen über die Stimmung im Unternehmen oder den Ruf des Unternehmens im Markt

- Einschätzen der Bedeutung eines aktuellen Zeitungsartikels für ein bestimmtes Zielunternehmen

Die Liste ließe sich noch erheblich erweitern. Denken Sie einfach für sich darüber nach, in welchen Situationen Ihnen das Networking weiterhelfen kann bzw. wann es Ihnen schon einmal weitergeholfen hat.

Gleichgewicht von Geben und Nehmen

Networking ist keine Einbahnstraße! Sie müssen den Wunsch verspüren, für Ihre Netzwerkpartner etwas zu tun. Und zwar am besten, bevor Sie selbst von anderen profitieren. Vielleicht fragen Sie sich, warum die meisten Menschen positiv und zuvorkommend auf Ihre Anliegen reagieren. Hier sind einige Erklärungen:

- Menschen helfen anderen gern: Fast jeder ist einem anderen gern behilflich, wenn er auf die richtige Art und vor allem mit Wertschätzung darum gebeten wird.
- Menschen geben gern Ratschläge: Die meisten sind großzügiger, als Sie vermuten, und geben ihr Wissen gern weiter.
- Menschen werden gern als Experten bezeichnet: Betonen Sie deshalb im Vorfeld Ihrer Frage unbedingt, dass Sie Ihren Gesprächspartner für einen ausgewiesenen Fachmann halten.
- Viele waren auch schon einmal auf Jobsuche und kennen die Situation.
- Und nicht zu vergessen: Der andere kann auch etwas von Ihnen lernen. Er hofft, im Gegenzug von Ihnen wichtige Informationen zu erhalten.

Sie sollten gerade dem letzten Punkt den richtigen Stellenwert beimessen. Versprechen Sie Ihrem Gesprächspartner auch einen wichtigen Nutzen für ihn und machen Sie nie den Fehler, dieses Nutzenversprechen nicht einzuhalten. Denn so würden Sie Ihren Kontakt enttäuschen und dadurch verlieren.
Natürlich vergessen Sie nicht, sich zeitnah und höflich für das Gespräch zu bedanken. Ebenso selbstverständlich sollten Sie Ihrem Gesprächspartner Feedback geben, ihn darüber auf dem Laufenden halten, was sein Rat „wert" war. Haben Sie mit seiner Hilfe Ihr Ziel

erreicht, freut sich jeder Netzwerker auch über eine Flasche Sekt oder einen Blumenstrauß.

Netzwerken Sie zielgerichtet

Mit dem Networking verhält es sich wie mit dem Werfen von Steinen auf eine glatte Wasseroberfläche. Es entstehen größer werdende Kreise, die sich irgendwann begegnen.
Natürlich wäre es ein großer Zufall, wenn sich gleich Ihr erster Kontakt als Volltreffer erweisen sollte. Wahrscheinlicher ist es, dass Sie durch die Kontakte Ihrer Kontakte Ihrem Ziel sukzessive näher kommen. So erhält man nicht selten einen wichtigen Hinweis buchstäblich über drei oder vier Ecken.
Ziel des Networkings sollte zunächst immer das persönliche Gespräch sein. Dafür gibt es folgende Gründe:

- Sie möchten wahrscheinlich, dass Ihr Kontakt Sie weiterempfiehlt. Dies wird er nur tun, wenn er Sie persönlich in Augenschein nehmen und sich von Ihrer Professionalität und Glaubwürdigkeit überzeugen kann.
- Circa 80 % der menschlichen Kommunikation ist nonverbal. Es ist daher sehr wichtig, dass Sie und Ihr Gesprächspartner einander sehen.
- Die Hilfe, die Ihnen angeboten wird, nimmt meist proportional zur Qualität der Beziehung zwischen Ihnen und Ihrem Kontakt zu. Es ist schwierig, eine gute Beziehung nur über das Telefon aufzubauen.

Über welche Kontakte verfügen Sie?

Erstellen Sie zunächst eine Liste Ihrer Freunde, Kollegen und Geschäftspartner sowie sonstiger Personen, die Sie kennen. Denken Sie dabei noch nicht darüber nach, ob die Person etwas für Sie tun kann oder was Sie für die Person tun können.
Danach bewerten Sie Ihre Kontakte und ordnen sie nach verschiedenen Kategorien, z. B.:
A: VIP/High Potential
B: Wichtig
C: Interessant
D: Fragezeichen

Übung macht den Meister

Beginnen Sie damit, wahllos potenzielle Kontaktnetzpartner zu notieren. Gehen Sie dabei in Gedanken Lebensphasen wie Schule, Ausbildung, Studium, Berufseintritt und die weiteren Positionen durch und nehmen Sie Ihr Adressbuch und Ihre Mailkontakte zu Hand. Notieren Sie auch Freunde und Verwandte sowie Bekannte aus Vereinen u.s.w. Anschließend sortieren Sie die so gewonnen Namen nach der unten abgebildeten Grafik und beginnen Ihr Anliegen zunächst bei denjenigen Personen vorzutragen, bei denen Ihnen die Ansprache leichtfällt. Ziel sollte immer ein persönliches Treffen sein. Die weitreichendsten Kontakte bewahren Sie bitte bis zum Schluss auf, denn dann sind Sie sicherer und gewandter.

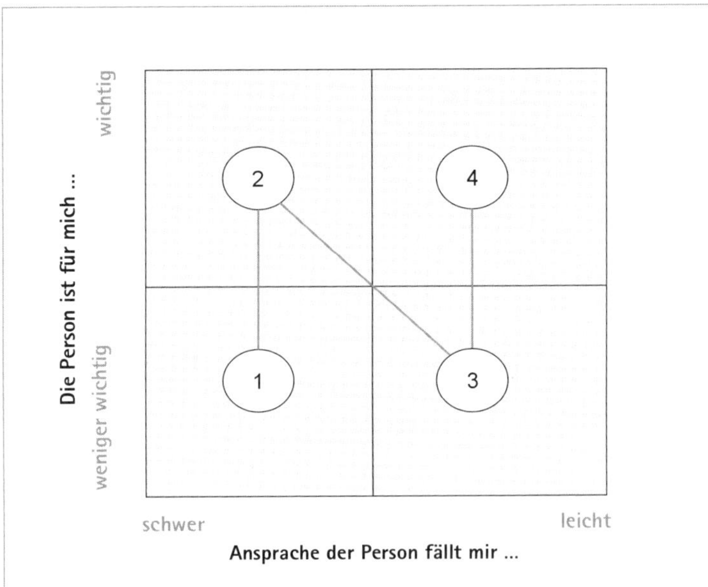

Abbildung: Kontaktnetz-Quadrat

Wie Sie um ein Gespräch bitten

Die folgenden zwei Beispiele veranschaulichen, wie Sie bekannte und (noch) unbekannte Personen um ein Gespräch bitten. Beachten

Sie dabei, dass Sie Ihr Anliegen kurz und knapp auf den Punkt bringen sollten.

Gute private Kontakte – So sprechen Sie einen guten Freund an
„Hallo Kai, ich überlege mir, ob ich demnächst meinen Job wechsele, dafür gibt es eine Reihe von Gründen, die ich gerne einmal mit Dir besprechen würde. Ich brauche mal Deinen Rat bezüglich meiner nächsten Schritte. Auch wenn Du höchstwahrscheinlich keine passende offene Stelle für mich weißt, wäre es doch schön, wenn wir uns einmal treffen könnten. Du weißt doch einiges über mich, und da würde es mir sehr helfen, wenn wir uns im Laufe der Woche mal 20 bis 30 Minuten zusammensetzen könnten." (Zeit: 27 Sekunden)

Ein beruflicher Kontakt mit einer Person, die Ihnen empfohlen wurde, die Sie aber nicht kennen
„Hallo Herr Leiste, mein ehemaliger Chef Herr Wohlke, hat mir geraten, Sie anzurufen. Er meinte, dass Sie für mich ein wertvoller Gesprächspartner sein könnten in meiner derzeit anstehenden beruflichen Neuorientierung. Er hat mir jedoch gleich gesagt, dass Sie höchstwahrscheinlich keine passenden offenen Stellen für mich haben, aber vielleicht über offene Stellen informiert sind.
Ich möchte mein Unternehmen aus verschiedenen Gründen verlassen und habe mich entschlossen, meine Stellensuche auf die Branche für Klimatechnik zu konzentrieren. Und Herr Wohlke meinte, Sie können mir einen Einblick in diese Branche verschaffen und mir vielleicht Ihre Meinung zu meiner Marketingstrategie sagen. Hätten Sie vielleicht nächste Woche 20 bis 30 Minuten Zeit für ein Gespräch?" (Zeit: 34 Sekunden)

Wie Sie das Gespräch gestalten

Networking-Gespräche dienen dem Sammeln von Empfehlungen, Informationen, Hinweisen und Ratschlägen. Oft dauern sie nicht länger als 30 Minuten. Genauer gesagt sollten sie auch nicht länger dauern, es sei denn, Ihr Gesprächspartner räumt Ihnen mehr Zeit ein. Daher ist es oberstes Gebot, sich kurz zu fassen. Wir empfehlen Ihnen folgenden Gesprächsablauf:

- Gesprächseinstieg: Dank für die Gesprächsbereitschaft, Verbindung herstellen zum Empfehlenden, Grund für Ihre Kontaktaufnahme
- Ihre MIM-Story: Wer sind Sie, was können Sie und was wollen Sie (siehe dazu auch S. 35).
- Frage nach den gewünschten Informationen (Entwickeln Sie dazu im Vorfeld einen individuellen Fragenkatalog.)
- Empfehlungsfrage: Frage nach weiteren Gesprächspartnern
- Nutzenfrage: Frage, ob Sie etwas für Ihren Gesprächspartner tun können
- Abschluss: Wie verbleiben Sie? (Klären Sie auch immer, ob Sie sich bei den genannten Personen auf Ihren Gesprächspartner beziehen dürfen. Noch besser ist es natürlich, wenn er Sie ins Gespräch bringen kann!)

Halten Sie sich immer an das mit Ihrem Kontakt abgesprochene Gesprächsziel. Es wirkt äußerst unprofessionell, wenn Sie bei der Erstansprache von Ihrem Gesprächspartner z. B. Informationen zu Branchennischen erbitten, aber im persönlichen Gespräch auf dieses Thema gar nicht eingehen und stattdessen lediglich nach Arbeitsmöglichkeiten im Unternehmen fragen. Nicht zu Unrecht kann das Ihren Ansprechpartner sehr verärgern. Damit ist das Gespräch möglicherweise schneller beendet, als Sie denken.
Achten Sie unbedingt auch darauf, wie viel Zeit vergeht. Weisen Sie im Gespräch darauf hin, wenn die Zeit knapp wird. Überlassen Sie es Ihrem Kontakt, mehr Zeit zu investieren.
Vergessen Sie auf keinen Fall das Angebot an Ihren Gesprächspartner, etwas Nützliches für ihn zu tun.

Networking im Internet

Online-Netzwerke sind aus dem heutigen Arbeitsalltag nicht mehr wegzudenken. Empfehlungen und wichtige Hinweise sind damit fast jederzeit erhältlich und oft nur noch einen Mausklick entfernt.
Das Profil, das Sie in einem solchen Netzwerk erstellen, ist Ihre persönliche digitale Visitenkarte. Gehen Sie daher bei der Gestaltung Ihres Online-Profils ebenso sorgfältig vor wie bei der Erstellung Ihres Lebenslaufs. Vor allem sollten Sie **nicht**

- ein fast leeres Profil verwenden,

- auf das Bild verzichten und
- jegliche persönlichen Interessen wie Hobbys, Vereinsmitgliedschaften etc. weglassen.

Beachten Sie aber, dass Sie immer nur so viel von sich preisgeben, wie Sie für vertretbar halten.
Besonders gute Erfahrungen haben wir mit folgenden Netzwerken gemacht:

- XING (www.xing.com)
- manager-lounge (www.manager-lounge.com)
- LinkedIn (www.linkedin.com)
- Experteer (www.experteer.de)

Diese Internetportale werden auch von Personalberatern zur Kandidatensuche und -ansprache genutzt. Ein zusätzlicher Vorteil der Portale ist die Möglichkeit, sich in organisierten Gruppen zu zahlreichen interessanten Themen an Diskussionen zu beteiligen. Eine Basis-Mitgliedschaft ist kostenlos, für (durchaus sinnvolle) Premium-Dienste werden geringe Beträge in Rechnung gestellt.

3.6 Setzen Sie Personalberater ein

Die gezielte Kontaktaufnahme zu Personalberatern bzw. Headhuntern spielt für Fach- und Führungskräfte bei beruflichen Um- und Neuorientierungen eine sehr wichtige Rolle. Personalberatungen

- sind ein direkter Zugangsweg zum verdeckten Stellenmarkt,
- haben zahlreiche Kontakte zu diversen Arbeitgebern und können Sie auch initiativ empfehlen,
- können Ihnen wertvolle Insidertipps geben, wenn es um die konkreten Anforderungen eines potenziellen Arbeitgebers geht.

Der Beratermarkt ist sehr groß und unübersichtlich, so dass Sie stets genau abwägen und recherchieren sollten, mit wem Sie bei der Suche nach Ihrer zukünftigen Aufgabe kooperieren. Überlegen Sie vor allem, welche eigenen Kontakte Sie in die Beraterwelt haben. Diese haben immer Vorrang.
Auf der Website des Bundesverbandes Deutscher Unternehmensberater (BDU) – www.bdu.de – können Sie regional nach Personalbe-

ratern aus unterschiedlichen Bereichen und mit verschiedenen Schwerpunkten suchen. Außerdem können Sie dort die Beratungsgrundsätze nachlesen. Alle Mitglieder des BDU haben sich den strengen ethischen und formalen Berufsgrundsätzen verpflichtet.
Suchen Sie international, dann empfehlen wir die Website der Association of Executive Search Consultants (AESC), www.aesc.org. Dort können Sie passende Berater nach Ländern auswählen.
Konzentrieren Sie sich bei der Vorauswahl auf wenige Berater (maximal 20) und beachten Sie folgende Aspekte:

- Personalberater sind oft auf bestimmte Führungspositionen oder Gehaltsebenen spezialisiert. Es gibt beispielsweise Berater, die ausschließlich Vorstände und Geschäftsführer besetzen.
- Berater können auch auf bestimmte Branchen spezialisiert sein.
- Die Niederlassungen großer Personalberatungsunternehmen bearbeiten überwiegend regionale Aufträge.

Initiativbewerbung bei ausgewählten Personalberatern

Die Suche nach potenziellen neuen Mitarbeitern ohne eine explizite Stellenausschreibung ist ein wichtiger Bestandteil des verdeckten Arbeitsmarktes. Um gefunden zu werden, müssen Sie aber auch erreichbar sein. Sind Sie freigestellt, ist dies jedoch zumindest am Arbeitsplatz nicht mehr der Fall. Umso wichtiger ist es, dass Sie sich bei Personalberatern durch eine initiative Ansprache ins Gespräch bringen und/oder durch ein aussagekräftiges Online-Profil (bei XING, LinkedIn etc.) auf sich aufmerksam machen. Häufig entstehen dadurch interessante und langfristige Kontakte.
Seien Sie im Kontakt mit Beratern stets gut vorbereitet und fassen Sie sich kurz (schriftlich wie mündlich). Personalberater stehen fast immer unter Zeitdruck, denn sie bearbeiten eine Vielzahl von Projekten gleichzeitig. Daher werden sie grundsätzlich keine ausführlichen Telefonate mit Ihnen führen – es sei denn, sie arbeiten gerade an einem Projekt, zu dem Sie gut passen würden. Wir empfehlen Ihnen deshalb die Kontaktaufnahme per E-Mail.

Kienbaum-Expertentipp

Achten Sie unbedingt darauf, die E-Mail von Ihrem privaten Account zu verschicken. Andernfalls könnte der Eindruck entstehen, dass Sie illoyal gegenüber Ihrem Arbeitgeber sind. Außerdem würde der Personalberater Sie niemals über Ihre geschäftliche E-Mail-Adresse kontaktieren.

Ihre schriftliche Erstansprache sollte kurz und prägnant sein. Gehen Sie dabei mit „offenem Visier“ vor, denn Berater schätzen einen ehrlichen und zielgerichteten Gedankenaustausch. Versuchen Sie beispielsweise nicht, falsche Tatsachen hinsichtlich Ihrer Trennung oder Freistellung vom Unternehmen vorzuspiegeln.
Die Erstansprache könnte wie folgt aussehen:

Sehr geehrter Herr Wundermann,

Herr Dr. Schiller hat mir empfohlen, mich mit Ihnen in Verbindung zu setzen. Ich würde mich freuen, wenn Sie mich bei der Verfolgung meiner beruflichen Ziele unterstützen können.
Zu meiner Person:

- Zurzeit: Kaufmännischer Leiter Deutschland/Mitglied der Geschäftsleitung bei einem internationalen IT-Dienstleister; Umsatz in Deutschland: € 100 Mio.
- Position: Berichtslinie an den CFO Europe, 15 Mitarbeiter
- Zielposition: Ganzheitliche Führungsaufgabe im kaufmännischen Bereich
- Zielbranchen: Dienstleistungssektor, IT-Branche und Technologieunternehmen
- Alternativ: Kaufmännische Führungsaufgabe in anderen Branchen
- Mittelfristige Perspektive: Geschäftsführer, Vorstand oder Managing Director
- Aktuelles Vergütungspaket: € 110 T fix + 25 % variabel + PKW
- Idealer Einstieg im Sommer 2011
- Grundsätzlich besteht europaweite Verfügbarkeit
- Trennungsgrund: Erhebliche Umstrukturierungen durch die australische Konzernmutter, von denen meine Position unmittelbar betroffen ist (ab 1. Mai 2011 freigestellt)

Auf Wunsch kann ich Ihnen Referenzen zur Verfügung stellen. Gern melde ich mich in der kommenden Woche, um mit Ihnen zu klären, ob es ein passendes Projekt gibt.

Mit freundlichen Grüßen

Hans Schulze
(Vollständige E-Mail-Signatur, nur private Kontaktdaten)

Der einleitende Satz der E-Mail weist darauf hin, dass es in diesem Fall offensichtlich eine persönliche Empfehlung gibt. Sie können aber z. B. auch schreiben: „Sie sind mir als erfolgreicher Personalberater im Bereich Automotive empfohlen worden“, oder: „Ich habe Sie für meine Zielposition als sehr gut passenden Ansprechpartner recherchiert.“

Den Punkt „Trennungsgrund“ lassen Sie gegebenenfalls weg. Achten Sie darauf, dass Ihre vollständige E-Mail-Signatur angezeigt wird. Wie bereits erläutert, sollte diese nur private Kontaktdaten enthalten. Als Anhang reicht vorerst Ihr Lebenslauf. Wenn Sie es für sinnvoll erachten, hängen Sie auch Ihren englischen CV an.

Auf Ihre E-Mail können Sie mit folgenden Reaktionen rechnen:

- Falls Ihr Profil zu einer aktuellen Vakanz passt, wird sich der Berater bzw. sein Assistent schnellstmöglich bei Ihnen melden. Dann können Sie
  - Fragen zur Stellenbeschreibung stellen,
  - gemeinsam mit dem Berater „zwischen den Zeilen lesen“,
  - aus Ihrer Sicht fehlende Aspekte benennen, die Sie mit Ihren Kompetenzen abdecken, sowie
  - den weiteren Verlauf des Bewerbungsprozesses klären.
- Falls dem Berater kein Stellenangebot vorliegt, das Ihrem Profil entspricht, werden Sie kontaktiert und um Ihr Einverständnis gebeten, Ihre Angaben in einer Datenbank zu speichern. In einem solchen Fall fragen Sie am besten nach, ob Ihre Unterlagen dann allen Niederlassungen (national und international) zugänglich sind.
- Der Personalberater meldet sich nicht. Ein Grund dafür kann z. B. sein, dass er für eine Branche zuständig ist, die für Sie nicht relevant ist. Ein Anruf Ihrerseits könnte Ihnen Klarheit verschaffen, zumal Sie in der Erstansprache angekündigt haben, sich zu melden.

Kienbaum-Expertentipp

Auf den Websites der meisten Personalberatungen besteht für Interessenten die Möglichkeit, ihr fachliches Profil einzustellen (z. B. bei Kienbaum unter dem Menüpunkt „Jobportal"). Damit haben Sie die Chance, Ihr Profil mit einem einzigen Eintrag allen Personalberatern zur Verfügung zu stellen.

Bedenken Sie bitte, dass der Personalberater Dienstleister zweier Parteien ist. Einerseits ist er seinem Auftraggeber gegenüber verpflichtet, eine hochwertige Dienstleistung zu erbringen. Andererseits muss er aber auch den Kandidaten Auskunft und im Einzelfall eventuell auch eine Einschätzung geben.

Out- bzw. NewPlacement-Beratungen

Wünschen Sie sich einen Gesprächspartner, der die in diesem Ratgeber angesprochenen Themen mit Ihnen reflektiert, Ihnen seine Gedanken dazu mitteilt, Sie durch gezielte Fragen zum Nachdenken anregt, Sie mit Tipps unterstützt und durch eigene Initiativen tatkräftig den Prozess Ihrer beruflichen Veränderung begleitet? So genannte Out- bzw. NewPlacement-Beratungen sind darauf spezialisiert.

Vertragspartner im Out- bzw. NewPlacement

Grundsätzlich gibt es zwei Formen der Out- bzw. NewPlacement-Beratung: Die eine ist die von einem Unternehmen finanzierte Beratung für einen (führenden) Mitarbeiter, von dem das Unternehmen sich sozialverträglich trennen möchte und den es parallel zur Trennung oder danach bei der beruflichen Neuorientierung unterstützt. Bei dieser Beratungsform übernimmt das Unternehmen die Initiative, schließt im Vorfeld der Trennung einen Vertrag mit dem Out- bzw. NewPlacement-Anbieter und derjenige, der seinen Arbeitsplatz verliert, nimmt die Beratung in Anspruch. Vertragspartner sind in diesem Fall das Unternehmen, das die Trennung ausgesprochen hat, und der Out- bzw. NewPlacement-Anbieter, nicht jedoch der Beratene selbst.
Häufiger – und für Sie sicherlich relevanter – ist die zweite Variante: Arbeitnehmer, vor allem Führungskräfte, nehmen ihre berufliche Neuorientierung selbst in die Hand und wenden sich an einen Berater. Vertragspartner sind in diesem Fall die Führungskraft, also der Beratene selbst, und der Out- bzw. NewPlacement-Anbieter. Entscheiden Sie sich für diese Variante, hat das den Vorteil, dass Sie selbst das Leistungsportfolio aushandeln und das Angebot gestalten können.

Finanziert Ihr ehemaliger Arbeitgeber dagegen die Beratung, können Sie wenig Einfluss nehmen auf das, was quantitativ und qualitativ zwischen ihm und dem Anbieter verabredet wurde. Viele Out- bzw. NewPlacement-Beratungen bieten allerdings ein Upgrade an, wenn Sie mit den Leistungen, die Ihr ehemaliger Arbeitgeber vereinbart hat, nicht einverstanden sind und diese Dienstleistung aufstocken möchten. In diesem Fall wird der ursprüngliche Vertrag erfüllt und anschließend treten Sie als neuer Partner in ein Vertragsverhältnis mit dem Anbieter.

Outplacement oder NewPlacement?

Der ursprüngliche Name dieser Dienstleistung ist „Outplacement“. Anbieter, die weiterhin diese Bezeichnung verwenden, fokussieren das Ausscheiden aus der alten Position bei der beruflichen Neuorientierung. NewPlacement-Anbieter betonen hingegen schon im Namen neben dem konstruktiven Abschied vom alten Arbeitgeber vor allem die zukunftsorientierte Perspektive hin zum neuen Wirkungsbereich. Vergleichen Sie also das jeweilige Leistungsspektrum sehr genau, bevor Sie sich entscheiden.

Wer passt zu Ihnen?

Neben den großen Unternehmen der Branche finden Sie auch kleinere Anbieter und Selbstständige, die sich auf diese Dienstleistung spezialisiert haben. Letztlich ist jedoch nicht die Größe des Unternehmens ausschlaggebend, sondern dass das Leistungsportfolio und der Berater zu Ihnen passen. Bei der Vielzahl von Anbietern ist es aber gar nicht so leicht, den für Sie richtigen zu finden. Deshalb haben wir einen Fragenkatalog zusammengestellt, mit dessen Hilfe Sie sich orientieren können. Er enthält Fragen zum Anbieter und seiner Kompetenz, zu den Beratern, ihrer Erfahrung und Qualifikation, zum Leistungsangebot, zu den Methoden und Tools, die eingesetzt werden, zu den Rahmenbedingungen der Beratung, zu Erfolgsquoten und Kosten.

Fragen zum Anbieter

- Wie groß ist das Unternehmen?
- An welchen Standorten wird die Dienstleistung angeboten?
- Welche Reputation hat das Unternehmen am Markt?

- Wie lange bietet es die Dienstleistung bereits an?
- Bei größeren Organisationen: Gibt es weitere Geschäftsbereiche? Wie ist die Dienstleistung in diese eingebettet? Wo gibt es Synergien?
- Mit welchen Unternehmen arbeitet der Anbieter zusammen? Welche Referenzen gibt es?
- Wie werden die Vertraulichkeit Ihrer Daten und die Loyalität Ihnen gegenüber vom Anbieter sichergestellt?
- Lehnt der Anbieter Aufträge ab, die zu Interessenskonflikten führen können?
- Wie hoch ist die Erfolgsquote bei Kandidaten, die über einen vergleichbaren Zeitraum beraten wurden?

Kienbaum-Expertentipp

Die Unternehmensgröße kann ein Kriterium für Sie sein, wenn Sie beruflich häufig auf Reisen sind und die Dienstleistung an mehreren Standorten nutzen wollen. Da Leistung und Qualität in diesem Fall vergleichbar sein müssen, fragen Sie am besten explizit, wie das Unternehmen das sicherstellt und wie die Berater an den verschiedenen Standorten sich austauschen, damit in Ihrem Beratungsprozess keine Information verloren geht.

Fragen zum Leistungsportfolio

- Über welche diagnostische Kompetenz verfügt der Anbieter?
- Wie kann er sie nachweisen?
- Wie groß ist das Team, das den Market Research begleitend zur Beratung durchführt?
- Wie lässt sich diese Unterstützung qualitativ beschreiben?
- An welchen Workshops und Veranstaltungen können Sie teilnehmen?
- Wie individuell oder standardisiert sind die Veranstaltungen?

Kienbaum-Expertentipp

Je standardisierter das Angebot an Workshops und Gruppenveranstaltungen ist, desto weniger passt es vermutlich hinsichtlich Inhalt und Zusammensetzung der Teilnehmer zu Ihnen als Führungskraft. Fragen Sie deshalb gezielt nach Führungskräfteveranstaltungen, in denen Sie sich mit Kollegen auf Augenhöhe austauschen können.

- Werden Sie vom Berater zu externen Veranstaltungen eingeladen, persönlich begleitet und dort anderen Gesprächspartnern vorgestellt?
- Welche Kooperation mit Headhuntern gibt es?
- Über welche nachgewiesenen Unternehmenskontakte verfügt der Anbieter?
- Wie können Sie Kontakt zu diesen Unternehmen aufnehmen?

Kienbaum-Expertentipp

Fragen Sie sich: Ist die Beratung nur Hilfe zur Selbsthilfe oder werden Sie parallel auch platziert und aktiv vermittelt? Wie kann der Anbieter das tatsächlich sicherstellen?

- Wie sieht der professionelle Büroservice aus?
- Wechseln die Ansprechpartner, die Sie unterstützen, oder haben Sie auch beim Büroservice eine Person, mit der Sie kontinuierlich zusammenarbeiten?
- Erhalten Sie ein Handbuch zur beruflichen Neuorientierung?
- Gibt es Native Speaker für die internationale Beratung, die mit Ihnen CV und Cover Letter inhaltlich entwickeln und gestalten sowie ein Interviewtraining durchführen?
- Können Sie ein Einzelbüro nutzen?
- Sind die technischen Voraussetzungen wie Zugang zum Internet usw. in den Räumen des Anbieters gegeben?

Die folgenden Fragen stellen Sie direkt dem Berater:

Fragen zur fachlichen Kompetenz des Beraters

- Wie alt sind Sie? (Es gilt das Prinzip der Seniorität – der Berater sollte nicht sehr viel jünger sein als Sie.)
- Wie lange sind Sie bereits in der Beratung zur beruflichen Neuorientierung tätig?
- Welche Organisationskompetenz, Management- und Personalerfahrungen bringen Sie durch Ihren beruflichen Werdegang mit?
- Haben Sie Führungserfahrung? In welchem Umfang? Wo waren Sie und wie lange?

Kienbaum-Expertentipp

Es hat sich gezeigt, dass Berater, die noch nie in einer Führungsposition tätig waren, die besonderen Ansprüche von Führungskräften nicht so leicht nachvollziehen können und häufig nicht als Berater „auf Augenhöhe" erlebt werden. Finden Sie für sich heraus, wie viel Führungserfahrung und welche Organisationskompetenz Sie sich bei Ihrem zukünftigen Berater wünschen, damit Sie sich gut aufgehoben fühlen.

- Welche Branchen kennen Sie besonders gut?
- Was wissen Sie über die Branche, in der ich tätig bin?
- Haben Sie bereits Kandidaten beraten, die in dieser Branche tätig waren? Wie viele?
- Welche Referenzen können Sie nennen, die ich dazu befragen darf?
- Wie stellen Sie die Aktualität Ihrer Informationen über den regionalen, nationalen und internationalen Arbeitsmarkt sicher?
- Welche Zugangswege zum Arbeitsmarkt kennen Sie?
- Wann werde ich am Markt sein und mich aktiv bewerben können?

Kienbaum-Expertentipp

Sie sollten in der Regel in etwa vier Wochen marktfähig sein, d. h. über einen professionellen Lebenslauf verfügen und zusammen mit dem Berater Ihre Zielsetzung formuliert haben.

- Wie ist Ihr persönliches Kontaktnetz beschaffen?
- Wie stellen Sie dessen Aktualität und Relevanz sicher?
- Über welche Sprachkenntnisse verfügen Sie?
- Welche interkulturellen Kompetenzen haben Sie?

Kienbaum-Expertentipp

Stellen Sie fachliche Fragen, die genau auf Ihre persönliche Situation zugeschnitten sind, z. B.:

- Was raten Sie Bewerbern, die älter als 50 Jahre sind?
- Was raten Sie Bewerbern, die noch nie eine Führungsaufgabe hatten, sie aber jetzt anstreben?
- Wie beraten Sie mich, wenn ich einen Branchenwechsel anstrebe?

Ein guter Berater sollte diese Fragen beantworten und Beispiele dazu nennen können.

Fragen zur methodischen Kompetenz des Beraters

- Haben Sie eine Trainer-, Berater- oder Coachingausbildung?
- Welchen Umfang hatten diese Ausbildungen?
- Welche Fortbildungen und Weiterbildungsveranstaltungen haben Sie speziell zum Thema Beratung besucht?
- Wie lange liegen diese Veranstaltungen zurück?
- Welche besuchen Sie aktuell?
- Reflektieren Sie Ihr beraterisches Handeln und Ihre Qualität durch regelmäßige Supervision oder kollegiale Intervision?
- Haben Sie eine Spezialisierung? Welche?
- Wie beschreiben Sie Ihre Arbeitsweise in der Beratung zur beruflichen Neuorientierung?

Kienbaum-Expertentipp

An der Antwort können Sie erkennen, wie individuell oder standardisiert Sie beraten werden. Kennt der Berater neben den Tools und Arbeitsblättern auch noch andere Wege, mit Ihnen ins Gespräch zu kommen? Hat er eigene Ansätze, die nicht im Handbuch stehen?

- Mit welchen Methoden und Tools arbeiten Sie am liebsten?
- Was können Sie besonders gut? Womit tun Sie sich schwer?
- Gab es einen Beratungsfall, an dem Sie gescheitert sind? Welchen?
- Wo lag Ihr größter Erfolg? Welcher war das?

Fragen zur persönlichen und sozialen Kompetenz des Beraters

Hören Sie während des Erstgesprächs in sich hinein: Wie wirkt der Berater persönlich auf Sie? Stimmt die Chemie zwischen Ihnen? Wie genau hört er Ihnen zu? Fühlen Sie sich von ihm verstanden?

Kienbaum-Expertentipp

Ist Ihr erster Gesprächspartner tatsächlich derjenige, der Sie betreuen wird, oder führt er nur das „Verkaufsgespräch" und die Beratung findet mit einem anderen Kollegen statt? Bevor Sie sich entscheiden, sollten Sie Ihren persönlichen Berater tatsächlich kennen gelernt haben. Finden Sie außerdem heraus, wie viele Berater am jeweiligen Standort tätig sind und ob Sie den Berater grundsätzlich wechseln können. Es spricht für die Professionalität des Anbieters, wenn Sie Wahlmöglichkeiten haben.

Wenn Sie sich vorstellen können, mit einem bestimmten Berater zusammenzuarbeiten, stellen Sie ihm folgende Fragen:

- Wie würden Sie sich als Mensch beschreiben?
- Wie sieht Ihr Menschenbild aus?
- Welchen Werten fühlen Sie sich verbunden?
- Wie schätzen Sie meine Chancen auf dem Arbeitsmarkt ein?
- Warum glauben Sie, dass Sie der richtige Berater für mich sind und wir gut zusammenarbeiten werden?

Kienbaum-Expertentipp

Fragen Sie den Berater bewusst nach seiner Wahrnehmung Ihrer Person. An seiner Antwort können Sie erkennen, ob er sich Ihnen wirklich zugewendet und Sie verstanden hat.

Fragen zur Erreichbarkeit des Beraters

- Wie häufig werden wir persönliche Beratungstermine verabreden?
- Wie flexibel sind die Dauer der Termine und die Intervalle?
- Wie kann ich Sie außerhalb der Beratungstermine erreichen?
- Wie schnell geben Sie mir ein Feedback, wenn ich Sie per E-Mail oder telefonisch kontaktiere?
- Stehen Sie in Ausnahmefällen auch am Wochenende zur Verfügung?

Kienbaum-Expertentipp

Finden Sie heraus, ob der Berater genügend zeitlichen Spielraum und Kapazität für Ihre Beratung hat. Fragen Sie ihn gezielt danach, wie viele Beratungsmandate er gleichzeitig betreut. Aus der Anzahl können Sie schließen, mit welcher Sorgfalt und Energie er sich Ihrem Auftrag tatsächlich zuwenden kann.

Kosten

Es gibt Unternehmen und selbstständige Berater, bei denen Sie einzelne Stunden buchen bzw. Einzelmaßnahmen wie die Überprüfung von Zeugnissen, Anschreiben oder Lebenslauf separat in Anspruch nehmen können. Die Preise pro Stunde liegen zwischen 75 und 250 Euro. Um nachhaltige Ergebnisse zu gewährleisten, bieten viele

Berater Pakete, Module oder Programme an, die sich hinsichtlich der thematischen Schwerpunkte und/oder der Laufzeit unterscheiden.
Auf der Grundlage punktueller Internetrecherchen lassen sich folgende Aussagen **für Privatkunden** treffen: Aktuell liegen die Preise der Kompaktberatungen größerer Unternehmen mit einem Umfang von acht bis zehn Stunden zwischen 2.000 und 4.000 Euro. Umfangreichere Mandate, die sechs Monate Begleitung beinhalten, kosten zwischen 8.000 und 13.000 Euro und für ein Jahr Beratung müssen Sie mit 20 bis 25 % Ihres Jahresbruttogehalts rechnen (alle Angaben sind inklusive Mehrwertsteuer und ohne Gewähr, aber sie lassen sich bei vielen Unternehmen leicht auf der Website verifizieren).
Einzelunternehmer und kleinere Anbieter sind oft günstiger und flexibler in der Preisgestaltung, aber hinsichtlich der Unternehmenskontakte und in Sachen Netzwerk oft nicht so breit aufgestellt. Bevor Sie sich entscheiden, klären Sie in jedem Fall mit Ihrem Steuerberater, in welcher Höhe die Kosten abzugsfähig sind.

Kienbaum-Expertentipp

Um eine wirklich gute Wahl zu treffen, sollten Sie mit mehreren Anbietern Gespräche führen. So bekommen Sie ein Gefühl für die Dienstleistung und ein Gespür dafür, was für Sie persönlich wichtig ist.

3.7 Schreiben Sie Initiativbewerbungen

Viele Stellen werden nicht ausgeschrieben, da die Firmen vorzugsweise auf die persönlichen Kontakte ihrer Mitarbeiter zurückgreifen. Daher ist die Initiativbewerbung ein ausgezeichnetes Mittel, um mit interessanten Arbeitgebern ins Gespräch zu kommen. Sie verschaffen sich damit einen Zugang zum verdeckten Stellenmarkt und kommen Mitbewerbern zuvor.
Natürlich hat Ihre Bewerbung mehr Aussicht auf Erfolg, wenn sie möglichst direkt bei der zuständigen Person ankommt. Nicht nur deshalb ist die Initiativbewerbung mit einem höheren Rechercheaufwand verbunden und erfordert verstärktes Networking.

Vorteile der Initiativbewerbung

Mit einer Initiativbewerbung nutzen Sie folgende Vorteile:

- Sie können mit deutlich weniger Konkurrenten rechnen, da die Stelle, um die Sie sich bewerben, nirgendwo ausgeschrieben ist.
- Sie zeigen damit Selbstbewusstsein, Eigeninitiative und Motivation – Eigenschaften, die sich jedes Unternehmen von seinen Mitarbeitern wünscht.
- Falls nicht sofort eine Stelle frei ist, haben Sie die Chance, dass man Ihre Unterlagen behält, bis eine Vakanz entsteht.
- Eventuell inspiriert Ihr fachliches und persönliches Profil das Unternehmen, eine Stelle zu schaffen.

Achten Sie bei Ihrer Bewerbung aber darauf, dass der Bezug zur jeweiligen Firma klar ersichtlich ist. Senden Sie keine „Blindbewerbungen", denn nur mit Qualität – nicht mit Quantität – werden Sie Ihr Ziel erreichen. Solche Bewerbungen landen häufig direkt im Papierkorb, da sie wie Serienbriefe wirken.

Wie Sie Unternehmen auswählen

Bevor Sie sich über konkrete Unternehmen informieren, überlegen Sie, welche Arbeitgeber für Sie in Frage kommen. Im Wesentlichen müssen Sie sich zwischen den unterschiedlichen Unternehmensformen (kleine und mittelständische Betriebe, Großunternehmen bzw. Konzerne, öffentliche Institutionen etc.) entscheiden.
Fällt Ihnen sofort ein Wunscharbeitgeber ein, von dem Sie über Bekannte erfahren haben? Haben Sie eventuell von Kollegen gehört, dass ein für Sie interessantes Unternehmen demnächst neue Mitarbeiter einstellen möchte? Oder müssen Sie erst einmal recherchieren, welche Firmen in der präferierten Region an Ihrem Profil Interesse haben könnten?

Informationsrecherche

Für Ihre Initiativbewerbung können Sie auf verschiedene Weise an Informationen gelangen. Nutzen Sie Recherchemöglichkeiten in Branchenverzeichnissen (z. B. der IHK) und Verzeichnissen von Verbänden. Folgende Websites eignen sich für die Suche besonders:

- www.kompass.com
- www.ebb.de
- www.wlw.de
- www.flix.de
- www.herstellerkatalog.com

Denken Sie auch an Online-Netzwerke wie XING und LinkedIn, branchentypische Foren und Messen. Stellenbörsen und -portale liefern ebenfalls relevante Firmeninformationen. Hier eine Auswahl:

- www.monster.de
- www.stepstone.de
- www.hobsons.de
- www.jobscout24.de
- www.jobpilot.de
- www.stellenanzeigen.de

Job- und Karrieremessen bieten eine ausgezeichnete Möglichkeit, mit den Entscheidungsträgern persönlich ins Gespräch zu kommen und zielführendes Networking zu betreiben. Zudem liegen auf diesen Messen kostenfreie Firmenverzeichnisse aus.
Fachmagazine beinhalten branchenspezifische Firmen- und Produktpräsentationen sowie die Namen potenzieller Ansprechpartner. Zur Recherche nach Fachmagazinen und -zeitschriften eignen sich die Websites www.metagrid.de und www.fachzeitschriften-portal.de.

Ansprechpartner finden

Stellen Sie eine Liste der für Sie in Frage kommenden Unternehmen zusammen und recherchieren Sie die für Ihre Initiativbewerbung relevanten Ansprechpartner. Der kürzeste Weg ist ein Anruf im Unternehmen (lesen Sie dazu auch Kapitel 3.3 ab S. 89). Seien Sie in dem Telefonat freundlich und präzise und fassen Sie sich so kurz wie möglich, damit Sie die Zeit Ihres Gesprächspartners nicht länger als nötig in Anspruch nehmen.
Wenn sich Ihr Gesprächspartner zu Ihrem Bewerbungsvorhaben positiv äußert, sollten Sie auf jeden Fall den Namen und die E-Mail-Adresse des konkreten Ansprechpartners für Ihre Initiativbewerbung in Erfahrung bringen. Geben Sie sich nach Möglichkeit nicht mit einer E-Mail-Adresse wie info@unternehmen.de zufrieden.

Sie können die Ergebnisse Ihrer Recherche in folgender Form festhalten:

Unternehmen	
Ansprechpartner	
Positionsbezeichnung des Ansprechpartners	
Kontaktdaten	
Datum der Initiativbewerbung	
Anmerkungen	
Wiedervorlage	

Wie Sie Ihr Anschreiben gestalten

Eine Initiativbewerbung muss ein Anschreiben, einen Kurz-CV (siehe S. 56) und ein Bewerbungsfoto enthalten. Eine vollständige Bewerbungsmappe ist zu diesem Zeitpunkt nicht erwünscht, es sei denn, Sie wurden im Vorabgespräch aufgefordert, diese einzureichen.

Das Anschreiben der Initiativbewerbung unterscheidet sich in Aufbau und Form nicht wesentlich von einem üblichen Anschreiben (siehe S. 91). Allerdings haben Sie den Vorteil, dass Sie sich nicht an die Stellenanzeige und die darin geforderten fachlichen und persönlichen Fähigkeiten halten müssen. Diese Forderungen sind oft sehr einschränkend. In einer Initiativbewerbung können Sie dagegen freier formulieren und auf Ihre wichtigsten Qualifikationen und Berufserfahrungen eingehen.

Warum bewerben Sie sich gerade bei diesem Unternehmen? Diesem Aspekt sollten Sie im Initiativanschreiben mehr Raum geben. Um die Frage aussagekräftig beantworten zu können, müssen Sie aber erst einmal umfassend recherchieren. Im Folgenden nennen wir Ihnen einige Beispiele dafür, wie Sie Ihre Entscheidung für eine Initiativbewerbung bei dem jeweiligen Unternehmen begründen können. Danach folgen auf den nächsten Seiten drei Vorschläge für Initiativanschreiben.

Beispiel: Gründe für die Auswahl des Unternehmens

- Ihre Firma habe ich bisher als Kunde kennen und schätzen gelernt ...
- Pressemitteilungen entnehme ich, dass Ihr Unternehmen den Standort weiter vergrößert ...
- Ihr Unternehmen und Ihre innovativen Produkte haben mich schon immer sehr interessiert und begeistert. In meiner x-jährigen Tätigkeit bei .... habe ich umfangreiche und detaillierte Kenntnisse und Erfahrungen erworben, die ich für ihr Unternehmen ideal umsetzen könnte ...
- Aufgrund der hochinteressanten Firmen-/Messepräsentation (Ort, Datum) bewerbe ich mich bei Ihnen als ...
- Motiviert durch die Zufriedenheit und die positiven Aussagen Ihrer Mitarbeiterin Frau Meier, bewerbe ich mich bei Ihnen als Leiter Verkauf ...

Beispiel 1: Initiativanschreiben

Michael Muster
Beispielstr. 16
12345 Musterstadt
Tel.: 0123/45 67 89
E-Mail: michael.muster@web.de

IT AG
Herr Ulrich Müller
Geschäftsführer
Computerstr. 11
14236 Internetstadt

Musterstadt, 15.04.2011

Mit Fachwissen und Erfolg den Kundennutzen steigern

Sehr geehrter Herr Müller,

als IT Service Provider werden Sie täglich mit sehr unterschiedlichen Problemstellungen Ihrer Kunden konfrontiert.

Für die Erfüllung der komplexen Anforderungen sind breites Fachwissen sowie langjährige Erfahrung entscheidende Voraussetzungen.

Als Diplom-Informatiker und IT-Generalist in unterschiedlichen Branchen mit langjährigen und umfangreichen Erfahrungen in der bedarfsgerechten Definition und wirtschaftlichen Einführung von IT-Services kann ich dazu beitragen, Ihr bestehendes Service-Portfolio weiterzuentwickeln.

Mein frühester Eintrittstermin ist der 01.07.2011.

Gern stelle ich mich Ihnen in einem persönlichen Gespräch näher vor.

Mit freundlichen Grüßen

Michael Muster

Anlage

Beispiel 2: Initiativanschreiben

Willi Weber
Beispielstr. 16
12345 Musterstadt
Tel.: 0123/45 67 89
E-Mail: willi.weber@web.de

Werbung AG
Herr Nicolaus Nick
Geschäftsführer
Zauberstr. 11
13452 Zauberstadt

Musterstadt, 15.04.2011

Sehr geehrter Herr Nick,

suchen Sie einen versierten Kommunikationsmanager, der durch kreative Impulse Ihre Leistungen erfolgreich am Markt positioniert?

Für einen etablierten Konzern im Industriegütersegment habe ich als Leiter Unternehmenskommunikation mit einem Team von 15 Mitarbeitern in den vergangenen Jahren mehrfach erfolgreiche Kampagnen zur Neupositionierung verschiedenster Geschäftsfelder realisiert. Folgende Projekte möchte ich gern in den Vordergrund stellen:

- Kampagne zur Neupositionierung des Geschäftsfeldes Gebäudeautomation mit Schwerpunkt Energieeffizienz im Kontext von Klimaschutz: Erreichen einer deutlichen Gewinnsteigerung
- Entwickeln eines europaweit gültigen Messekonzeptes und Umsetzen in Deutschland auf den Leitmessen light+building, ISH und Security: kontinuierliche Erhöhung der Leadanzahl und deutliche Steigerung des Auftragseingangs nach den Messen
- Kampagne mit internem Kick-Off-Event und abgestimmter externer Kommunikation zur Markteinführung einer neuen Generation von Brandmeldern: deutliches Übertreffen der geplanten Absatzziele bereits im ersten Jahr
- Neuaufbau der Öffentlichkeitsarbeit mit Integration von Printmedien, elektronischen Medien und Pressearbeit: signifikante Steigerung des Neukundengeschäftes sowie deutliche Verbesserung der Wahrnehmung in der Öffentlichkeit

Einschneidende strukturelle Veränderungen bei meinem Arbeitgeber lassen mich über eine neue berufliche Herausforderung nachdenken. Das Arbeiten in einem erfolgreichen Unternehmen, mit dem ich mich identifizieren kann, ist mir besonders wichtig. Ihr Unternehmen zählt zu meinen Favoriten.

Habe ich Ihr Interesse geweckt? Dann sende ich Ihnen gern meine vollständigen Bewerbungsunterlagen zu. Über die Gelegenheit zu einem persönlichen Gespräch freue ich mich sehr.

Mit freundlichen Grüßen

Willi Weber

Anlage

Beispiel 3: Initiativanschreiben

Michael Muster
Beispielstr. 16
12345 Musterstadt
Tel.: 0123/45 67 89
E-Mail: michael.muster@web.de

Persönlich/Vertraulich
Herr Max Müller
Personalleiter
Zauber AG
Zauberstr. 11
12346 Zauberstadt

Musterstadt, 9. Juni 2011

Management-Erfahrung in verschiedenen Bereichen:
Triple Play, Telekommunikation, Breitband, Broadcast und Militärische Systeme
Geschäftsführer und Sprecher der Geschäftsleitung, Dipl.-Ing. mit umfangreicher internationaler Führungserfahrung in der Hightechindustrie bietet Management- und Leadership-Kompetenz

Sehr geehrter Herr Müller,

ein wettbewerbsfähiges Unternehmen zeichnet ein frühzeitiges Erkennen von Marktentwicklungen, Marktchancen und Kundenbedürfnissen aus. Rechtzeitige und angemessene Anpassung der eigenen Strategie sowie der eigenen Strukturen und Prozesse sind zwingende Grundlagen, um im Markt heute und in der Zukunft eine führende Rolle spielen zu können.

Als Geschäftsführer konzerngebundener Unternehmen sowie verschiedener internationaler Konzern-Business-Units habe ich in unterschiedlichen Geschäftsfeldern die strategische Ausrichtung von Unternehmungen auf Kunden und Märkte geprägt. Durch die Optimierung von Strukturen und Geschäftsprozessen wurden die Wettbewerbsfähigkeit und die Ertragssituation entscheidend verbessert.

Kundenorientierung, Denken über den „Tellerrand" des eigenen Bereiches hinaus, Motivation und Mitnahme der eigenen Mitarbeiter sowie eine zielorientierte, kooperative Führung unterstützten die Analyse und die Umsetzungsprozesse.

Hier ein kurzer Auszug aus meinem Kompetenz-Profil:

- Leiten mittelständischer Unternehmen als Alleingeschäftsführer oder Geschäftsführer
- Führen von autonomen Unternehmenseinheiten mit voller Ergebnisverantwortung
- Durchführen von Firmenkäufen, Spin-offs, Neugründungen und Mergern
- Managen von großen Teams in komplexen internationalen Matrix-Strukturen
- Entwickeln und Implementieren von Konzepten zur Optimierung der Ertragssituation und Steigerung der Rentabilität
- Durchführen von Restrukturierungen und Neuausrichtungen von Geschäftstätigkeiten
- Führen großer internationaler Vertriebs- und Serviceorganisationen
- Leiten von anspruchsvollen Großprojekten mit multinationalen Teams

Diese Erfahrungen kann ich in Ihr Unternehmen einbringen. Wenn ich Ihr Interesse geweckt habe, sende ich Ihnen gern meine ausführlichen Bewerbungsunterlagen zu.

Mit freundlichen Grüßen

Michael Muster

Kienbaum-Expertentipp

Wenn Sie sich aus einer Anstellung heraus bewerben, ist es empfehlenswert, im letzten Absatz Ihres Anschreibens auf die vertrauliche Behandlung Ihrer Bewerbung zu verweisen.

3.8 So formulieren Sie ein Stellengesuch

Das Stellengesuch ist eine weitere Möglichkeit, Ihre Qualifikationen, Fähigkeiten, Leistungsbereitschaft und Motivation offensiv zu vermarkten.
Die veröffentlichten Stellengesuche sind zahlreich. Um sich von der Masse abzuheben, gilt auch hier: Je plastischer Ihre Profilbeschreibung, umso höher die Erfolgsaussicht. Deswegen bedarf das Formulieren eines Stellengesuchs der ausführlichen Vorbereitung. Beachten Sie beim Schreiben folgende Punkte:

- Bereits die Überschrift sollte neugierig machen, denn sie fällt dem Leser zuerst auf. Schreiben Sie also nicht einfach „Stellengesuch".
- Bringen Sie die wichtigsten Fakten auf den Punkt, ohne in den Telegrammstil zu verfallen.
- Schreiben Sie aktiv und verwenden Sie aussagekräftige, für die gewünschte Position relevante Schlagworte.

Hilfreich beim Verfassen des Textes ist es auch, sich in den potenziellen Arbeitgeber hineinzuversetzen. Fragen Sie sich: Welche Informationen hätten Sie gern von einem Bewerber? Über welche fachlichen und persönlichen Qualifikationen sollte er verfügen?
Außerdem dürfen folgende Angaben in Ihrem Stellengesuch nicht fehlen:

- Ihre Motivation, gerade in dieser Branche tätig zu werden
- Ihre beruflichen Ziele
- die von Ihnen angestrebte Position
- der frühestmögliche Eintrittstermin
- die gewünschte Region und Ihre Mobilitätsbereitschaft
- Ihre Kontaktdaten (Chiffre)

Beispiele für Stellengesuche

Leiter Marketing/Vertrieb

Dipl.-Kfm., 52 Jahre, mit umfassender Führungspraxis in internationalen Konzernen der Markenartikel-Industrie, Umsatzverantwortung als Leiter Vertrieb 60 Mio. € p. a., sucht neue Aufgabenstellung.

Erfahrungsprofil:

- Produktgestaltung und Sortimentspolitik
- Optimierung der Vertriebsstrukturen
- Projektmanagement, u. a. TQM
- Einführung von Key-Account-Management
- Verbesserung der Marktposition und Rentabilität

Angebote erbeten unter Chiffre ...

Geschäftsführer/Vorstand

Diplom-Kaufmann, 43 Jahre, sucht nach abgeschlossenem Merger neue unternehmerische Aufgabe.

Hintergrund: Seit 8 Jahren Geschäftsführer mit kaufmännischer und vertrieblicher Alleinverantwortung in Tochtergesellschaft eines internat. Konzerns (Pharma)

Erfolge:

- Aufbau von Unternehmen
- Strategische Planung und Umsetzung
- Verbesserung von Marktpositionen und Rentabilität

Profil:

Überzeugungskraft, Kreativität und Verhandlungssicherheit auf Top-Ebene; Französisch und Englisch fließend

Zuschriften erbeten unter Chiffre ...

Dipl.-Kfm. (44) mit fundierten Kenntnissen im US-/deutschen Finanz- und Rechnungswesen und Erfahrung als Controller in Produktionsgesellschaft sucht neue Aufgabe als
Leiter Controlling/Finanz- und Rechnungswesen
in internationalem Unternehmen.

Erfahrungsschwerpunkte:

- Budgetierung
- Finanzierung
- Organisation und EDV

Kontaktaufnahme erbeten unter Chiffre ...

Online-Stellengesuche

Neben den klassischen Stellengesuchen in Printmedien können Sie auch Online-Stellengesuche schalten. Diese bieten den Vorteil, dass sie kostenlos veröffentlicht werden können. Außerdem bleiben sie im Internet länger präsent als in Printmedien. Oft ist auch das Hinterlegen eines elektronischen Lebenslaufes möglich. In Freitextfelder können Sie Ihre Kenntnisse, Qualifikationen und bisherigen Tätigkeitsbereiche eintragen. Da Unternehmen die Datenbank eines Stellenportals nach Schlüsselbegriffen durchsuchen, sollten Sie möglichst prägnante Schlüsselwörter für die angestrebte Position in Ihr Stellengesuch integrieren.
Wir weisen Sie jedoch darauf hin, dass die wenigsten über dieses Medium tatsächlich eine Stelle finden. Beschränken Sie sich daher nicht nur auf diesen Weg der Jobsuche.

4 Wie Sie in Interviews sicher bestehen

Die Einladung zu einem Vorstellungsgespräch ist ein großer (Zwischen-)Erfolg für Sie. Das Unternehmen hat Ihren Nutzen erkannt – zumindest aus Ihren Bewerbungsunterlagen. Jetzt gilt es, die Verantwortlichen auch persönlich zu überzeugen.

4.1 So bereiten Sie sich vor

Gehören Sie auch zu den Bewerbern, die vor ihrem Interview nervös und bisweilen auch ängstlich sind? Das ist ganz verständlich, wenn man bedenkt, dass die zu erwartende Situation ungewohnt ist. Wahrscheinlich haben Sie bisher eher auf der anderen Seite des Tisches gesessen. Die Rolle des Einstellenden ist selbstverständlich ganz anders als die des Bewerbers. Zudem sind Sie es vielleicht nicht gewohnt, dass jemand, den Sie nicht kennen, Sie examiniert und ausfragt oder gar Ihre beruflichen Erfolge in Frage stellt.
Eine professionelle Vorbereitung auf das Gespräch hilft Ihnen unter anderem, sich noch einmal zu verdeutlichen, wieso Sie der richtige Kandidat für die betreffende Stelle sind, und dadurch mögliche Nervosität zu überwinden. Zusätzlich zu den Hinweisen in diesem Kapitel empfehlen wir Ihnen den Austausch mit einem im Führen von Interviews erfahrenen Karriereberater.

Sammeln Sie Informationen

Nutzen Sie alle Kanäle (Internet, Geschäftsberichte, Kontakte, Printmedien und natürlich Ihren Berater), um Informationen über das Unternehmen, Ihren Gesprächspartner und die zu besetzende Position zu erhalten. Wichtig ist auch, die Rahmenbedingungen des Interviews zu erfahren: Wer nimmt teil und wie lange dauert das Gespräch? Ihre Vorbereitung wird erheblich vereinfacht, wenn Sie in Erfahrung bringen, wer das Interview führen wird. Im Zusammenhang mit der MIM-Story (siehe S. 35) haben wir die Wichtigkeit einer empfängerorientierten Selbstpräsentation bereits verdeutlicht.

Übernehmen Sie die Perspektive Ihres Gegenübers

Sich professionell auf das Gespräch vorzubereiten heißt auch, im Vorfeld abschätzen zu können, welche Themen für den Arbeitgeber von größerem Interesse sind und welche nicht. Für das Unternehmen stehen grundsätzlich drei Fragen im Mittelpunkt:

- Passen Ihre Kompetenzen zum Anforderungsprofil?
- Können Sie sich gut ins Unternehmen bzw. Team integrieren?
- Wird man mit Ihnen „handelseinig"?

Durch das von Ihnen erstellte Nutzenangebot haben Sie bereits die Situation im Unternehmen mit Ihren Kompetenzen abgeglichen. Damit können Sie sich auf das Interesse Ihres Gesprächspartners konzentrieren, der seinerseits herausfinden möchte, welchen Nutzen Sie ihm bieten können. Legen Sie überzeugend dar, dass Sie aufgrund Ihrer Kenntnisse und Erfahrungen in der Lage sind, die Probleme im Unternehmen zu lösen.

Vergegenwärtigen Sie sich außerdem Ihr eigenes letztes Vorstellungsgespräch. Erinnern Sie sich noch, wer Ihnen gegenübersaß und welche Themen eine Rolle spielten? Dann versuchen Sie, sich in die Rolle Ihres Hauptgesprächspartners hineinzuversetzen. Übertragen Sie diese Situation auf das bevorstehende Interview. Dabei können Ihnen die folgenden Fragen einige Anregungen geben:

- Was wird Ihren Gesprächspartner (nicht) interessieren?
- Auf welche Themen aus Ihren Unterlagen wird er besonders eingehen?
- Welche Probleme hat das Unternehmen und mit welchen möglichen Situationen wird er Sie konfrontieren, um Ihre Reaktion zu testen?
- Auf welche Ihrer Schwachstellen wird er eingehen?
- Was für einen Typ Mensch mit welchen Soft Skills sucht er?
- Wie schnell möchte er die Stelle besetzen?
- Welche Gehaltsvorstellung hat er?

Die Auseinandersetzung mit diesen Fragen wird Sie auf die wesentlichen Klippen des Interviews vorbereiten und Ihnen bleiben größere Überraschungen erspart.

4.2 Wie Sie im Gespräch überzeugen

Sie haben sich umfassend vorbereitet und nun ist es endlich so weit – das Interview findet statt. Wie Sie Ihre Gesprächspartner von sich überzeugen, erfahren Sie in diesem Kapitel.

Gestalten Sie das Interview als Dialog

Das Vorstellungsgespräch ist ein gegenseitiger Austausch, deshalb sollten Sie den Mut haben, auch Fragen zu stellen. Sie können sich damit stärker profilieren, als wenn Sie überwiegend antworten, schließlich wollen Sie als Führungskraft arbeiten und sollten sich daher mit der Unternehmenssituation sehr aktiv auseinandersetzen. Sie können damit dem Gegenüber deutlich machen, dass Sie interessiert und gut vorbereitet sind. Nichts ist für den Interviewer enttäuschender, als wenn Sie auf die Frage „Haben Sie noch Fragen?" mit „Nein" antworten. Zudem erhalten auch Sie selbst durch die gewonnenen Informationen eine bessere Grundlage zur Entscheidung.
Ihre Fragen sollten Sie bereits im Vorfeld erarbeiten. Beschränken Sie sich dabei auf solche, die für die angestrebte Position relevant sind. Dazu gehören:

- Fragen zum Unternehmen, z. B. zu seiner Strategie
- Fragen zur Tätigkeit und zu den Aufgabengebieten
- Fragen zu Zukunftschancen bzw. Karriereaussichten
- Fragen wie: Handelt es sich um eine neu geschaffene oder eine neu zu besetzende Stelle? In letzterem Fall: Warum ist die Stelle neu zu besetzen?

Erstellen Sie auf dieser Basis Ihren eigenen Fragenkatalog. Es macht übrigens keinen schlechten Eindruck, wenn Sie im Gespräch einen Zettel mit vorbereiteten Fragen hervorziehen. Achten Sie aber darauf, dass die Fragen nicht bereits (direkt oder indirekt) beantwortet wurden.

Mehr Selbstbewusstsein bitte

Sie befinden sich mit dem Interviewer auf Augenhöhe. Keinesfalls sollten Sie sich als Bittsteller fühlen. Sie werfen Ihre geballte Kompetenz in die Waagschale, Sie sind der Problemlöser, Sie sind dem Unternehmen von großem Nutzen. Und aufgrund der Einladung wissen Sie bereits, dass das Unternehmen Interesse an Ihnen hat.

Fassen Sie sich kurz und argumentieren Sie strukturiert

Werden Sie nach Stärken und Schwächen gefragt oder nach Ihren beruflichen Erfolgen, versucht der Interviewer aus dem Vergangenen auf die Zukunft zu schließen. Beantworten Sie seine Fragen in der gebotenen Kürze nach der STAR-Technik (siehe S. 29). Die Struktur Situation – Task – Action – Result stellt sicher, dass Ihr Gesprächspartner einen Überblick darüber erhält, wann oder wo Sie was und mit welchem Ergebnis gemacht haben. Außerdem bemerkt er mit Sicherheit Ihre Fähigkeit, komplexe Sachverhalte zu strukturieren. Ihm wird auch nicht entgehen, wie Sie Ihre eigenen Leistungen mit Diplomatie und angemessener Bescheidenheit „verkaufen".

Was Sie unbedingt vermeiden sollten

Mit manchen Verhaltensweisen disqualifizieren Sie sich selbst. Hier ist eine Auswahl:

- die Hand des anderen bei der Begrüßung bzw. Verabschiedung quetschen oder Ihre Hand wie einen „toten Fisch" in seine legen
- im ersten Gespräch nach Details des Vertrages fragen
- das Gehalt oder den Urlaub als Erster ansprechen
- unangemessene Kleidung tragen
- auf einen Abschluss drängen
- „Kumpanei" an den Tag legen
- langatmige Monologe halten
- ständig ins Wort fallen
- die Aufmerksamkeit des Gesprächspartners missachten
- jeden Satz mit „man" oder „wir" formulieren, wenn Sie nach eigenen Erfahrungen gefragt werden
- persönliche Komplimente machen

Erfolgsfaktoren im Überblick

Der Erfolg eines Vorstellungsgesprächs hängt von einzelnen Elementen ab. Natürlich sollten Sie inhaltlich gut vorbereitet sein. Achten Sie aber auch auf folgende Aspekte:

- Immer häufiger nutzen Entscheider das Telefon, um einen ersten Eindruck vom Bewerber zu erhalten. Seien Sie darauf vorbereitet!
- Kommen Sie pünktlich zum Gespräch.
- Seien Sie besonders nett zu den Angestellten des Sekretariats und bedanken Sie sich für den bisherigen angenehmen Schriftwechsel, die gute Wegbeschreibung etc.
- Die Smalltalk-Phase beginnt oft bereits vor dem eigentlichen Interview – nämlich dann, wenn Sie am Empfang von einem Unternehmensvertreter abgeholt und zum Gesprächsraum geführt werden.
- Guter Smalltalk hinterlässt immer einen positiven Eindruck. Außerdem legt sich dadurch Ihre eventuell vorhandene Aufregung. Am besten machen Sie sich bereits vorher Gedanken, welche Themen Sie anschneiden können.
- Seien Sie sich selbst gegenüber positiv eingestellt, denn Sie sind „Verkäufer“ und „Produkt“ zugleich. Machen Sie sich immer wieder bewusst, dass Sie etwas zu bieten haben.
- Seien Sie ein guter Zuhörer.
- Übernehmen Sie die Perspektive Ihres Gesprächspartners und stellen Sie sich auf seine Interessenlage ein.
- Bleiben Sie bei der Wahrheit – natürlich können Sie sie taktisch gut verpacken.
- Sichern Sie sich durch Nachfragen ab und antworten Sie so ausführlich wie nötig, aber so kurz wie möglich.

Der Ablauf des Gesprächs

Sie können davon ausgehen, dass Ihr Gesprächspartner einen gut durchdachten Interviewleitfaden vorbereitet hat. Dazu können situationsbezogene Fragen und ergänzende Rollenspiele, Arbeitsproben oder Präsentationen gehören. Vor allem, wenn von Unternehmensseite viel Zeit für das Interview eingeplant wurde, sollten Sie sich auf zusätzliche Elemente des Auswahlverfahrens einstellen. Möglich sind beispielsweise folgende Szenarien:

- Sie werden im Vorfeld gebeten, einen kurzen PowerPoint-Vortrag vorzubereiten und im Interview zu halten.
- Während des Vorstellungsgesprächs bittet man Sie, sich im Nebenzimmer einer Case Study anzunehmen und das Ergebnis zu präsentieren.
- Sie werden in ein Rollenspiel verwickelt.
- Mit situativen Fragen wird überprüft, wie Sie in unternehmenstypischen Situationen reagieren würden.
- Das Gespräch wird plötzlich auf Englisch weitergeführt.

Im Folgenden finden Sie eine Checkliste zum möglichen Ablauf des Interviews. Versuchen Sie, sich auf alle Phasen optimal vorzubereiten.

Checkliste: Bestandteile eines Interviews	
1. Kontaktphase	
• Begrüßung, „Warm Up", Gesprächseröffnung	
• Ziele: Vertrauen schaffen und Nervosität abbauen	
2. Interviewphase	
• Sie erzählen von sich. (Nutzen Sie gegebenenfalls die MIM-Story, siehe S. 35.)	
• Ihr Gesprächspartner hört zu und stellt Fragen, meist aus den Unterlagen heraus.	
• Er sammelt Informationen über Sie und lernt Sie kennen.	
3. Motivationsphase	
• Das Unternehmen wird präsentiert.	
• Ihnen werden die Funktion und Ihre Chancen und Perspektiven erläutert.	
• Sie hören aktiv zu und stellen Fragen (siehe Thema Kompetenz-Fragen ab S. 83).	
4. Situationsbezogene Fragen, Rollenspiele, Arbeitsproben etc.	
5. Diskussionsphase/Gesprächsabschluss	
• Mit Ihnen wird die Möglichkeit einer Zusammenarbeit diskutiert. Das Thema Gehalt wird immer vom Arbeitgeber angesprochen.	
• Beenden Sie das Gespräch nicht ohne eine konkrete Vereinbarung über das weitere Vorgehen.	

4.3 Wie Sie mit Fragen umgehen

Ihr potenzieller neuer Arbeitgeber möchte Sie im Vorstellungsgespräch näher kennen lernen und vor allem herausfinden, ob Sie der richtige Kandidat für die zu besetzende Stelle sind. Deshalb stellt er Ihnen natürlich viele Fragen. Nicht immer möchte er dabei nur erfahren, **was** Sie antworten, sondern auch, **wie** Sie reagieren.

Fragetypen

In diesem Abschnitt nennen wir Ihnen zu den verschiedenen Fragetypen je ein Beispiel und geben Ihnen eine Empfehlung, wie Sie darauf antworten.

Situationsbezogene Fragen

Mit diesem Fragetyp will man herausfinden, wie Sie in konkreten, für das Unternehmen relevanten Situationen reagieren würden.
Beispiel: „Sie sind technischer Leiter und eine der Maschinen fällt aus. Der Liefertermin muss aber eingehalten werden. Was tun Sie, um die Zufriedenheit des Kunden sicherzustellen?“
Empfehlung: Antworten Sie nach der STAR-Methode (siehe S. 29).

Beurteilungsfragen

Damit werden Sie aufgefordert, eine Beurteilung abzugeben, was Ihrerseits natürlich ein gewisses Fach- bzw. Branchenwissen voraussetzt.
Beispiel: „Welche fachlichen Entwicklungen und Herausforderungen kommen Ihrer Meinung nach in den nächsten Jahren auf uns zu?“
Empfehlung: Stehen Sie zu Ihrer Meinung und verwenden Sie Formulierungen wie: „Meiner Meinung nach …“

Geschlossene Fragen

Diese Fragen können eigentlich nur mit „Ja“ oder „Nein“ beantwortet werden.
Beispiel: „Sind Sie belastbar?“
Empfehlung: Die Beispielfrage ist eher ungeschickt formuliert. Antworten Sie darauf keinesfalls nur mit „Ja“ oder „Nein“. Verweisen Sie immer auf eine Situation, in der Sie besonders gut unter Stress

und Zeitmangel agiert haben (nennen Sie ein STAR-Beispiel – mehr dazu lesen Sie ab S. 29 bzw. S. 32).

Offene Fragen

Durch diese Fragen sollen Sie zum Reden animiert werden.
Beispiel: „Wie beurteilen Sie die momentane Wettbewerbssituation in Ihrer Branche?"
Empfehlung: Fassen Sie sich kurz!

Faktenfragen

Damit werden Fakten abgefragt.
Beispiel: „Welche Projekte leiten Sie zurzeit?"
Empfehlung: Antworten Sie kurz und präzise.

Fragen, mit denen Sie rechnen sollten

Viele Fragen werden immer wieder in Vorstellungsgesprächen gestellt. Im Folgenden finden Sie eine Auswahl.

Was können Sie uns über sich erzählen?

Antworten Sie mit der MIM-Story (siehe S. 35).

Was sind Ihre Stärken?

Nennen Sie zwei oder drei Stärken und wählen Sie diejenigen, die in engem Zusammenhang mit der Position stehen, auf die Sie sich bewerben.

Wo sehen Sie Ihre Grenzen?

Das ist eine nette Umschreibung für: Was sind Ihre Schwächen? Um diese Frage kommen Sie in der Regel nicht herum. Wie Sie mit Ihren Schwächen selbstbewusst umgehen, erfahren Sie ab S. 13.

Wie müsste für Sie das ideale Arbeitsumfeld aussehen?

Schildern Sie Ihre beruflichen Vorlieben und Wünsche, bleiben Sie dabei aber trotzdem realistisch und vor allem praxisnah. Die Frage kann ein breites Feld umfassen: vom Großraumbüro über Teamarbeit bis hin zu Kompetenzen oder der idealen Führungskultur. Vergessen Sie das Fachliche nicht. Schildern Sie das Wesentliche, das Ihnen persönlich und für die Aufgabe wichtig ist.

Arbeiten Sie lieber mit Zahlen oder Worten?

Hier kommen Sie nur mit Ehrlichkeit weiter.

Können Sie eine Situation beschreiben, in der Ihre Arbeit kritisiert wurde?

Das ist natürlich keine Frage, sondern eine Aufforderung. Halten Sie sich an folgende Tipps:

- Auch über Misserfolge muss man sprechen können. Jeder macht Fehler, aber man sollte daraus lernen.
- Erfinden Sie nichts, das bringt Sie nur aus dem Konzept. Bleiben Sie bei der Wahrheit, aber betonen Sie den positiven Ausgang.
- Seien Sie kurz und präzise.
- Vermeiden Sie eine emotionale oder defensive Antwort.

Wie verhalten Sie sich unter Termindruck?

Nennen Sie zwei bis drei Praxisbeispiele.

Was können Sie uns bieten?

Ihre Antwort sollte auf jeden Fall etwas mit der zu besetzenden Position zu tun haben. Schildern Sie beispielsweise frühere Erfolge, bei denen es Ihnen gelungen ist, Probleme zu lösen, die denen Ihres zukünftigen Arbeitsgebietes entsprechen. Schwelgen Sie nicht in Allgemeinplätzen, sondern nennen Sie konkrete Beispiele.

Was war Ihr herausragendster beruflicher Erfolg?

Auch über Ihre Erfolge sollten Sie sprechen können, ohne dabei arrogant zu wirken. Wählen Sie möglichst etwas, das für die zu besetzende Position von Interesse sein könnte und als Erfolg eine belegbare wirtschaftliche Auswirkung hatte.

Was wissen Sie über unseren Bereich bzw. unser Unternehmen?

An dieser Stelle zahlt sich Ihre hoffentlich gute Vorbereitung aus und Sie können guten Gewissens sagen, dass Sie das gesamte öffentlich verfügbare Informationsmaterial gelesen haben und somit einiges über den Bereich bzw. das Unternehmen wissen. Sie können aber auch darauf verweisen, dass Sie gern noch mehr wissen möchten, und dann später einige kundige Fragen stellen.

Warum möchten Sie für uns arbeiten?

Antworten Sie beispielsweise, dass Sie aufgrund der gründlichen Auseinandersetzung mit den Aufgaben des Bereiches bzw. Unternehmens der Meinung sind, Ihre beruflichen Erfahrungen und Fähigkeiten zu dessen Nutzen einbringen zu können. Stellen Sie Ihre Fähigkeiten heraus, z. B. Ihre Problemlösekompetenz.

Was ist für Sie der interessanteste Aspekt der ausgeschriebenen Position? Und welcher Aspekt interessiert Sie am wenigsten?

Erwähnen Sie drei oder vier interessante Punkte und höchstens einen der unerheblichen Aspekte, die Sie weniger interessieren.

Welches Gehalt, glauben Sie, ist angemessen für diese Position?

In diesem Fall können Sie eine Gegenfrage stellen: „Wie sieht die Gehaltsskala für ähnliche Positionen in Ihrem Unternehmen aus?“ Falls es keine festgelegte Bandbreite gibt, nennen Sie Ihre ungefähren Vorstellungen. Ergänzen Sie Ihre Forderung jedoch mit dem Zusatz, dass Sie noch mehr über den Umfang der Verantwortlichkeiten und des Kompetenzbereichs erfahren möchten.
Vermeiden Sie es, sich genau festzulegen – weder zu hoch noch zu niedrig. Wenn möglich, stellen Sie Ihre Forderung entsprechend dem aktuellen Marktwert der jeweiligen Position, z. B.: „Meiner Schätzung nach dürfte das Gehalt für eine Position, wie Sie sie beschreiben, zwischen … und … Euro pro Jahr liegen. Stimmt das mit Ihrer Vergütungsstruktur überein?“

Wie sehen Ihre Ambitionen für die Zukunft aus?

Verweisen Sie darauf, dass es Ihnen zunächst darum geht, sich auf die unmittelbaren Anforderungen der Tätigkeit zu konzentrieren und diese gut zu erfüllen. Deuten Sie an, dass Sie an persönlicher und beruflicher Weiterentwicklung interessiert sind.

Wie sehen Ihre langfristigen Ziele aus?

Statt einer allgemeinen Schilderung beziehen Sie Ihre Antwort auf das Unternehmen, bei dem Sie Ihr Vorstellungsgespräch führen. Bleiben Sie dabei auf alle Fälle realistisch.

Wie ist Ihr Führungsstil?

Auf diese Frage sollten Sie vorbereitet sein, auch wenn Sie sich nicht für eine Führungsposition beworben haben. Das Unternehmen möchte wissen, welches Potenzial und welche Ambitionen es „einkauft“. Das heißt: Bleiben Sie auch bei dieser Antwort realistisch. Gibt es Beispiele für Situationen, in denen Sie schon einmal „geführt“ haben? Streben Sie eventuell gar keine Führungslaufbahn, sondern eher die Fachlaufbahn an? Sie sollten darlegen können, wie Sie Ziele setzen, Kontrolle ausüben und motivieren. Beschreiben Sie außerdem Ihre bevorzugten Techniken, die Sie einsetzen, um das Beste aus Ihren Mitarbeitern herauszuholen. Nennen Sie möglichst konkrete Praxisbeispiele.

Warum wollen Sie Ihre jetzige Position verlassen?

Hier kommt es sehr auf eine schlüssige Formulierung an. Jemand, der Ihr Unternehmen nicht kennt, sollte die Zusammenhänge einordnen können. Vermeiden Sie Widersprüche und geben Sie dem Zuhörer wenig, im Idealfall keine Möglichkeit zum Einhaken. Betonen Sie außerdem Ihren Wunsch nach neuen fachlichen Herausforderungen und beruflicher Weiterentwicklung.

Wenn Sie zurückblicken, wie sehen Sie Ihren ehemaligen Arbeitgeber?

Würdigen Sie nur die positiven Seiten Ihres ehemaligen Bereichs bzw. Unternehmens, z. B. die Entwicklungschancen, die Ihnen gegeben wurden.

Wie denken Sie über Ihren früheren Vorgesetzten?

Versuchen Sie, die Frage so positiv wie möglich zu beantworten, und vermeiden Sie es, zu tief in das Thema einzusteigen. Dies ist eine Fangfrage, denn ein streitsüchtig oder schwierig erscheinender Mitarbeiter schreckt die meisten Vorgesetzten ab.

Warum sollen wir gerade Sie einstellen?

Diese Frage wird gern ganz zum Ende des Gesprächs gestellt. Lassen Sie jetzt nicht nach. Wiederholen Sie Ihre zuvor genannten Stärken, Fähigkeiten und Schlüsselkompetenzen für die ausgeschriebene Position und betonen Sie Ihren Nutzen in Bezug auf die Anforderungen des Unternehmens. Wenden Sie auch die STAR-Technik an (siehe S. 29).

Zulässige und unzulässige Fragen

Im Vorstellungsgespräch sind dem Bedürfnis des potenziellen zukünftigen Arbeitgebers nach möglichst umfangreicher Information rechtliche Grenzen gesetzt. Fragen, die das allgemeine Persönlichkeitsrecht des Bewerbers verletzen und für den Arbeitgeber nicht von berechtigtem Interesse sind, werden nach der Rechtsprechung des Bundesarbeitsgerichts als unzulässig angesehen und müssen nicht wahrheitsgemäß beantwortet werden. Nach herrschender Rechtsprechung geht der Schutz der Persönlichkeit sogar so weit, dass unzulässige Fragen ganz bewusst falsch beantwortet werden dürfen. Dem Bewerber wird also eine Art „Notwehrrecht" zugebilligt. **Aber seien Sie vorsichtig**: Durfte die Frage doch gestellt werden und Sie haben bewusst falsch geantwortet, kann der Arbeitgeber den Arbeitsvertrag wegen arglistiger Täuschung anfechten.
Werden Sie in einem Vorstellungsgespräch mit einer unzulässigen Frage konfrontiert, sollten Sie Ihren Gesprächspartner nicht darauf ansprechen, wenn Sie an der Stelle noch interessiert sind. Überlegen Sie sich eine taktisch kluge Antwort, denn eine falsche Antwort hat für Sie – von wenigen Ausnahmen abgesehen – keine rechtlichen Konsequenzen.
Im Folgenden erläutern wir zu den wichtigsten Themen, ob Fragen dazu zulässig oder nicht sind. Im Einzelfall kann es jedoch schwierig sein, dies zu klären.

Krankheit

Fragen, die nur dem generellen Gesundheitszustand gelten, sind grundsätzlich unzulässig. Es darf aber nach Krankheiten gefragt werden, wenn

- diese die Einsatzfähigkeit des Arbeitnehmers für die vorgesehene Tätigkeit auf Dauer oder regelmäßig wiederkehrend einschränken,
- ansteckende Krankheiten vorliegen, die nicht die Leistungsfähigkeit beeinträchtigen, aber für Kollegen und Kunden eine Ansteckungsgefahr bedeuten,
- zum Zeitpunkt des Dienstantritts oder in absehbarer Zeit mit einer Arbeitsunfähigkeit zu rechnen ist, z. B. durch eine geplante Operation, eine bewilligte Kur oder eine aktuell bestehende akute Krankheit.

HIV-Infektion

Die Zulässigkeit der Frage nach AIDS ist rechtlich nicht endgültig geklärt. Eine höchstrichterliche Entscheidung steht noch aus. Eine AIDS-Infektion muss meist nicht angegeben werden, es sei denn, in diesem Fall würden durch die Ausübung der Tätigkeit andere Menschen gefährdet. Über eine AIDS-Erkrankung muss der Arbeitgeber informiert werden.

Schwerbehinderung

Diese Fragen sind nach der Rechtsprechung des Bundesarbeitsgerichts (noch) zulässig. Die Rechtsprechung trifft jedoch verstärkt auf Kritik. Es wird gefordert, die zulässigen Fragen nach einer Schwerbehinderung und deren Eigenschaft auf die Fälle zu beschränken, in denen der Arbeitgeber aufgrund des arbeitsplatzbezogenen Anforderungsprofils ein besonderes Informationsbedürfnis hat. Somit ist nicht auszuschließen, dass in absehbarer Zeit eine Änderung der Rechtsprechung erfolgt.

Vorstrafen

Die Frage ist unzulässig, es sei denn, es handelt sich um eine für den Arbeitsplatz relevante Vorstrafe. Hierzu zählen z. B. Vermögensdelikte bei Kassierern oder Verkehrsdelikte bei Berufskraftfahrern. Ausnahmen gelten auch für sonstige Fälle, wenn eine Vorstrafe oder ein strafrechtliches Ermittlungsverfahren Zweifel an der persönlichen Eignung des Arbeitnehmers erkennen lassen.

Bisherige Vergütung

Die Frage nach der bisherigen Vergütung ist generell unzulässig, soweit diese für die neue Arbeitsstelle ohne Belang ist. Der Arbeitgeber darf aber den Bewerber nach seinen Gehaltsvorstellungen fragen. Gibt ein Bewerber ein viel zu hohes (bisheriges) Gehalt an und täuscht somit den neuen Arbeitgeber, kann dieser den Arbeitsvertrag im Nachhinein anfechten.

Lohn- und Gehaltspfändungen

Im Normalfall hat der Arbeitgeber keinen Grund, nach Lohn- und Gehaltspfändungen zu fragen. Liegen allerdings konkrete Anhaltspunkte für umfangreiche Pfändungen vor, so hat der Arbeitgeber ein berechtigtes Interesse, davon zu erfahren. Er muss sich schließlich in diesem Fall auf zusätzliche Arbeit und Kosten im Buchhaltungsbereich einstellen.

Nebentätigkeiten
Die Frage nach bestehenden Nebenbeschäftigungen eines Bewerbers ist zulässig.

Vermögensverhältnisse
Die Frage ist grundsätzlich unzulässig, es sei denn, die Stelle ist mit Betriebsgeheimnissen oder besonderer Verantwortung verbunden. Letzteres trifft z. B. auf Kassierer einer Bank oder auf Arbeitnehmer zu, die eigenständig über Geld oder andere Vermögenswerte des Arbeitgebers verfügen müssen.

Kündigungsgrund im vorherigen Job
Diese Frage ist zulässig. Überlegen Sie sich eine taktisch kluge Antwort. Fragen nach dem Kündigungsgrund früherer Arbeitsverhältnisse sind unzulässig.

Wettbewerbsverbot
Die Frage nach einem nachvertraglichen Wettbewerbsverbot, das die Arbeit für den neuen Arbeitgeber einschränken würde, ist zulässig.

Heiratsabsicht und Kinderwunsch bei Frauen
Diese Frage ist diskriminierend und nicht zulässig, ebenso wie Fragen nach Familienplanung, Ehegatten, Lebensgefährten und Kindern. Nur die Geburtsdaten Ihres Ehepartners und der Kinder müssen Sie gegebenenfalls nennen.

Schwangerschaft
Die Frage nach einer bestehenden Schwangerschaft ist generell unzulässig. Das Bundesarbeitsgericht hat entschieden, dass diese Frage selbst dann unzulässig ist, wenn einer Beschäftigung der Frau von vornherein ein mutterschutzrechtliches Verbot entgegensteht.

Religionszugehörigkeit
Die Frage nach Religion oder Weltanschauung ist grundsätzlich unzulässig. Eine Ausnahme hiervon besteht bei Tendenzbetrieben und kirchlichen Einrichtungen.

Zugehörigkeit zur Scientology-Organisation
Die Frage nach der Zugehörigkeit zur Scientology-Organisation ist zulässig, wenn es sich nicht um eine ganz untergeordnete Position handelt (BAG, 22.03.1995 – 5 AZB 21/94).

Parteizugehörigkeit
Dies ist ebenfalls eine unzulässige Frage, da das Recht, politischen Parteien beizutreten, im Grundgesetz festgeschrieben ist. Ausnahmen gelten wiederum für Tendenzbetriebe und kirchliche Einrichtungen.

Gewerkschaftszugehörigkeit
Die Frage nach der Gewerkschaftszugehörigkeit ist unzulässig. Ausnahmen gelten für Tendenzbetriebe und kirchliche Einrichtungen. Nach erfolgter Einstellung ist die Frage jedoch zulässig, wenn der Betrieb Gewerkschaftsbeiträge einzieht.

Mitgliedschaften, öffentliche Ämter
Unzulässig sind Fragen zu Mitgliedschaften in Vereinen und Verbänden sowie zu öffentlichen Ämtern und Ehrenämtern

4.4 Wie Sie das Gespräch nachbereiten

Auch nach dem Vorstellungsgespräch können Sie sich noch nicht entspannt zurücklehnen. Im Folgenden erfahren Sie, wie Sie das Interview optimal nachbereiten.

Schreiben Sie eine Sofort-Notiz

Machen Sie sich Notizen – am besten gleich im Anschluss an das Vorstellungsgespräch. Halten Sie dabei Folgendes fest:

- Welche Fragen wurden gestellt?
- Welche gelungenen Beispiele und Antworten sind Ihnen im Gespräch eingefallen?
- Auf welche Fragen hatten Sie keine guten Antworten?
- Wie erfolgreich war das Gespräch Ihrer Meinung nach?
- Was haben Sie hinsichtlich der weiteren Vorgehensweise vereinbart?
- Welches Bauchgefühl haben Sie in Bezug auf die Position und das Unternehmen?

Sie können diese Notizen zur Vorbereitung des nächsten Vorstellungsgesprächs nutzen, um Ihren Auftritt zu optimieren. Ist das Interview durch die Vermittlung eines Personalberaters zustande gekommen, rufen Sie ihn an und berichten ihm von dem Gespräch. Auch dabei können Sie auf Ihre Notizen zurückgreifen.

Schreiben Sie Ihren Gesprächspartnern

Es ist angebracht, sich nach einem Vorstellungsgespräch noch einmal nach einer gewissen Zeit in Erinnerung zu bringen. Entweder durch einen gut verfassten und ausdrucksstarken Brief oder eine E-Mail. Sie festigen damit den Eindruck an sich und bekräftigen Ihre Bewerbung. Hierzu einige Empfehlungen:

- Heben Sie noch einmal hervor, warum Sie besonders auf diese Stelle passen. Erwähnen Sie Ihre Kompetenzen und Erfolge, die Sie als besonders für diese Stelle erachten.
- Verwenden Sie Einschübe und Leerzeichen beim Layout des Briefes. Er wird dadurch leicht zu lesen und betont die einzelnen Punkte.
- Teilen Sie mit, dass Sie fest davon überzeugt sind, bei diesem Unternehmen einen wichtigen Beitrag leisten zu können, indem Sie Formulierungen verwenden wie „Ich bin mir sicher …“, „Ich weiß …“, „Ich bin überzeugt …“.
- Wenn Sie Ihr Vorstellungsgespräch mit einem Vertreter der Personalabteilung und einem einstellungsbefugten Vorgesetzten geführt haben, schreiben Sie beiden einen Brief. Aber schreiben Sie nicht beiden den gleichen Text, sondern passen Sie den Inhalt jeweils an.

- Wurde das Vorstellungsgespräch mit drei oder mehr Personen geführt, schicken Sie nur dem einstellungsbefugten Vorgesetzten und dem Vertreter aus der Personalabteilung einen Brief.
- Wenn das Vorstellungsgespräch durch die Vermittlung eines Personalberaters zustande gekommen ist, rufen Sie ihn an und berichten Sie ihm von dem Gespräch.

Führen Sie gegebenenfalls ein Follow-Up-Telefonat

Wenn Sie sehr lange Zeit nach dem Gespräch nichts hören (8 bis 10 Wochen), schreiben Sie erneut oder rufen Sie an und fragen Sie nach dem Stand der Entscheidungen. Diese Briefe erfordern ein feines Gespür. Vermeiden Sie in jedem Fall jede Art des Vorwurfs, der Ungeduld oder der Verärgerung. Eine höfliche Nachfrage hingegen wird Sie oftmals weiterbringen.

Wenn Ihnen ein Unternehmensvertreter mitteilt, dass die Entscheidung bis zu einem bestimmten Zeitpunkt gefällt werden wird, können Sie manchmal davon ausgehen, dass dies nicht passiert. Es wird jemand krank, geht auf Geschäftsreise oder eine andere Ursache tritt ein. All das verzögert den Entscheidungsprozess bzw. bringt den ursprünglichen Zeitplan durcheinander. Vergessen Sie auch nicht, dass das, was für Sie im Moment das zentrale Anliegen ist, für andere eher von untergeordneter Bedeutung ist. Dass Sie nach einem Vorstellungsgespräch nichts von einem Arbeitgeber hören, kann auch daran liegen, dass Sie nicht ausgewählt wurden. Dieses vollkommene Fehlen einer Absage wirft natürlich kein zu gutes Licht auf das Unternehmen, aber es kommt immer wieder vor.

5 Wie Sie erfolgreich verhandeln

Um eindeutig festzulegen, was Ihnen der angebotene Arbeitsplatz bieten kann, müssen Sie zunächst mit Ihrem potenziellen Arbeitgeber in Verhandlungen treten. In diesem Kapitel befassen wir uns daher mit der Thematik der Vertragsverhandlungen.

5.1 Was Sie über Vertragsverhandlungen wissen sollten

Das Ergebnis Ihrer mehrmonatigen Bemühungen liegt nun vor Ihnen: ein Angebot oder mehrere, in die Dienste eines Unternehmens zu treten – also ein oder mehrere vorliegende Arbeitsverträge. Nun gilt es, sich zu entscheiden. Die meisten Menschen tendieren dazu, sich spontan nach dem Kriterium zu entscheiden, das ihnen am wichtigsten erscheint.

Meist bietet der angebotene Arbeitsvertrag aber noch Spielraum für Verhandlungen. Um Sie dabei zu unterstützen, diesen auszuschöpfen, haben wir das folgende Kapitel erstellt. Die Ziele der Vertragsverhandlungen sehen wir nicht so sehr als Möglichkeit, Ihre zukünftige Aufgabe und Verantwortung noch weiter zu definieren und die eigene Arbeitszufriedenheit mitzubestimmen, sondern eher darin, die einzelnen Module des Arbeitsvertrages zu Ihren Gunsten, also zu Ihrer Zufriedenheit, auszuweiten und festzulegen.

Ziele der Vertragsverhandlungen

Ein wesentliches Ziel dieser Verhandlungen ist die Festlegung Ihres Gehalts. Üblicherweise wurde der Gehaltsrahmen bereits im Vorstellungsgespräch geklärt. Bei den Vertragsverhandlungen geht es häufig um die variablen Bestandteile. Sie werden aber auch Ihre zukünftigen Aufgaben und Verantwortungen definieren und damit Ihre eigene Arbeitszufriedenheit mitbestimmen.

In der Regel ist keine der beiden Seiten von sich aus bereit, alle Fakten zum Vertragsgegenstand offenzulegen. Der Arbeitgeber wird Ihnen nicht immer mitteilen, welcher Gehaltsrahmen insgesamt bzw. welche Zusatzleistungen zur Verfügung stehen. Andererseits werden Sie Ihre Schmerzgrenze bei der Gehaltsvorstellung nicht freiwillig bekannt geben. Obwohl beide Seiten den Wunsch haben, zusammenzufinden, erscheinen die Verhandlungen nicht selten wie ein Konkurrenzkampf oder eine Diskussion mit einem Gegner.
Rein formell werden die Verhandlungen mit der Unterbreitung eines Angebots eröffnet. Sie sind offen bis zu dem Moment, in dem Sie eine Übereinkunft getroffen und/oder eine Zusage gegeben bzw. erhalten haben.

Bereiten Sie sich auf die Verhandlungen vor

Selbstverständlich sollten Sie die Vertragsverhandlungen vorbereiten. Legen Sie die Punkte fest, über die Sie erstens sprechen müssen, weil sie essenziell wichtig sind, und zweitens diejenigen Punkte, die „nice to have" wären. Generell ist es gut, sich ein kleines Skript über den Gesprächsverlauf zu erstellen und sich die relevanten Themen vorab zu notieren.
Zunächst kann es auch wichtig ein, sich eventuell auch über Kienbaum-Vergütungsstudien die Gehaltsbandbreiten innerhalb dieser Branche und ihrer Funktion anzuschauen. Durch unsere tiefen Kenntnisse, gerade im Bereich „Compensation und Benefits", helfen wir Ihnen dabei, einen Gehaltsrahmen zu definieren, mit dem Sie sich nicht aus dem Rennen um die gewünschte Position katapultieren. Wichtig ist, während der gesamten Verhandlung positiv gestimmt zu bleiben und jegliche Form der aggressiven Forderung zu vermeiden. Sie stehen nicht zum ersten Mal vor dieser Situation und werden sicherlich ein Gefühl dafür entwickeln, wann Sie den Bogen in einer solchen Situation überspannen und wann nicht. Wir empfehlen, im Vorfeld diejenigen Punkte zu definieren, die Ihnen wichtig erscheinen, und diese zu priorisieren. Legen Sie für sich im Vorfeld die absoluten „No go" fest, bei denen Sie sich vornehmen, hart zu bleiben, und die möglichen „Can be", bei denen Sie Kompromisse eingehen wollen.

Selbstverständlich ist, dass Sie die Verhandlung persönlich führen. Wenn Sie über einen Personalberater im Unternehmen vorgestellt worden sind, verwenden Sie diesen ruhig auch als Ihren Fürsprecher. Sehen Sie die Gehaltsverhandlungen als einen weiteren Schritt auf dem Weg zur Unterschrift und fällen Sie bitte innerhalb der Verhandlung keine Entscheidungen in die eine oder andere Richtung.
Innerhalb der ersten Anbahnungsgespräche werden Sie sicherlich ein Gefühl dafür entwickelt haben, wie sehr die Firma Sie benötigt oder ob Sie der einzige Bewerber sind. Haben Sie ein Gefühl dafür, was mit dem Vorgänger passiert ist? Gibt es einen nahtlosen Übergang oder ist diese Stelle schon länger vakant?
Zu guter Letzt: Machen Sie es nicht wie im Märchen „Der Fischer und seine Frau“, in dem die Frau des Fischers ihre Wünsche in den Himmel wachsen lässt und zum Schluss wieder dort sitzt, wo sie herkommt. Hören Sie auf, wenn Sie glauben, dass Sie alles bekommen haben, was Ihnen hilft, ein zufriedener Mitarbeiter des neuen Unternehmens zu werden.

So überzeugen Sie im Gespräch

Ihre gute Vorbereitung hilft Ihnen, Ihre Verhandlungspartner zu überzeugen. Beachten Sie im Gespräch aber auch folgende Punkte:

- Seien Sie positiv, betonen Sie das, was Ihnen an der Firma und der Position gefällt.
- Bleiben Sie konstruktiv, es handelt sich schließlich (hoffentlich) bald um Ihre zukünftigen Kollegen. Fordern Sie nicht, sondern verhandeln Sie. Formulieren Sie Ihre Anliegen stattdessen eher als Fragen, wie beispielsweise: „Kann über dieses Gehalt verhandelt werden?“ Sie könnten auch fragen: „Wie groß sehen Sie den Spielraum bei ...?“
- Bleiben Sie optimistisch. Nur wenn Sie wirklich tief innen mit dem Ergebnis zufrieden sind, werden Sie dort langfristig glücklich.
- Richten Sie sich auch darauf ein, das Angebot abzulehnen: Wenn die Verhandlungen nicht nach Ihren Erwartungen verlaufen und das Endangebot Ihre Schmerzgrenze unterschreitet, sollten Sie bereit sein, Nein zu sagen.

Nutzen Sie Ihre Chance

Es spielt keine Rolle, ob Ihre Verhandlungen kurz und direkt geführt werden oder sich lang und vielschichtig gestalten: Nutzen Sie diese einmalige Gelegenheit, um zu erreichen, was Sie sich zum Ziel gesetzt haben.
Ihr Verhandlungsspielraum hängt davon ab, wie Ihr Verhandlungspartner Ihren Wert einschätzt, wie viel Entscheidungsbefugnis er von der Firma übertragen bekommen hat und wie flexibel er ist. Um die Vertragsverhandlungen erfolgreich abzuschließen, müssen Sie bereit sein, mit Fingerspitzengefühl und Geduld zu verhandeln, und sollten die Bedürfnisse beider Parteien niemals aus den Augen verlieren.

5.2 Wichtige Verhandlungsthemen

An dieser Stelle haben wir wichtige Aspekte des Arbeitsvertrags für Sie zusammengefasst:

- Positionsbezeichnung
- Starttermin
- Dauer der Probezeit
- Dienstort, Möglichkeit der Versetzung
- Umzugskosten
- Vergütung fix und variabel
- Nebenleistungen und Extras
- Auszahlungszeitpunkt des Bonus
- Anteiliger Bonus während der Probezeit
- Urlaub
- Nebentätigkeit, fachliche Veröffentlichungen, Urheberrechtsregelung
- Kündigungsfrist
- Freistellung
- Entgeltfortzahlung im Krankheitsfall
- Bezüge im Todesfall, Hinterbliebenenregelung
- Wettbewerbsvereinbarung

Häufig wird der Arbeitsvertrag auch um weitere Punkte ergänzt, z. B.:

- Verpflichtungserklärung zum Datenschutz
- Betriebsvereinbarungen
- Betriebliche Altersvorsorge
- Informationen zum privaten Telefonieren, zur Internetnutzung etc. am Arbeitsplatz
- Dienstwagenregelung
- Unfallversicherung
- Reisekostenordnung
- Unternehmensprogramme

Bitte berücksichtigen Sie, dass nicht alle Punkte in jeder Firma verhandelbar sind. Das ist unter anderem abhängig von der Unternehmensgröße und der Hierarchiebene auf die Sie sich bewerben. So werden zum Beispiel in größeren Unternehmen, die straff organisiert sind, viele der genannten Punkte häufig firmenweit geregelt und sind damit nur in Ausnahmefällen individuell verhandelbar. In kleineren Betrieben stehen hingegen bestimmte Punkte überhaupt nicht zur Wahl. Und manche Punkte eines Arbeitsvertrags sind nicht nur nicht verhandlungsfähig und auch schlicht nicht verhandlungswürdig.

Grundsätzlich gibt es jedoch einige Punkte, die bedeutungsvoll sind und die im Folgenden ausführlich erläutert werden.

Vertragsparteien

Zunächst einmal sind die Parteien des Arbeitsvertrages, folglich der Arbeitgeber als auch der Arbeitnehmer zu benennen.

Die Art der Anstellung

Die Art der Anstellung bestimmt auch die Art des Vertrages mit seinen Besonderheiten: Handelt es sich um einen Arbeitsvertrag auf tariflicher Basis, einen außertariflichen Vertrag, einen Geschäftsführervertrag oder um einen Vorstandsvertrag? Alle diese Verträge haben ihre rechtlichen Besonderheiten und Eigenheiten. Bitte fragen Sie Ihren Berater nach den Vertragsmustern von Kienbaum.

Gehalt

Das Gehalt ist in der Regel der empfindlichste Punkt während der Vertragsverhandlungen. Für das Unternehmen ein reiner Kostenfaktor, geht es doch für Sie um Erhalt oder Ausweitung Ihres jetzigen Lebensstandards und mehr. Es splittet sich in feste Bestandteile sowie Nebenleistungen und Extras. Dazu zählen auch Aktienoptionen, Eigenkapital und Gewinnbeteiligung oder D & O-Versicherungen wie in einigen Fällen auch Aufwandsentschädigungen. In den variablen Anteilen sollten Sie auf jeden Fall die dahinter liegenden Zielvereinbarungen diskutieren bzw. sich diese anschauen. Dabei geht es um die übliche Handhabung wie 12, 13 oder mehr Monatsgehälter, Auszahlungszeitpunkt, Lohnfortzahlung im Krankheitsfall etc.

Beginn und Dauer des Arbeitsverhältnisses

Des Weiteren wird geregelt, ab wann das Arbeitsverhältnis mit all seinen Rechten und Pflichten beginnt. Der vertraglich vereinbarte Beginn des Arbeitsverhältnisses ist in der Regel der erste Arbeitstag. Dies ist allerdings nicht zwingend. Hinsichtlich der Dauer des Arbeitsverhältnisses ist zu überlegen, ob ein unbefristetes oder ein befristetes Arbeitsverhältnis eingegangen werden soll. Die Befristung eines Arbeitsvertrages ist nach dem Gesetz zulässig, unterliegt allerdings gewissen Voraussetzungen.

Probezeit

Die Vereinbarung einer Probezeit ist bei erstmals eingestellten Arbeitnehmern zweckmäßig. Sie dient dem gegenseitigen Kennenlernen und der Erprobung des Arbeitnehmers. Die Probezeit ist im Rahmen der gesetzlichen Vorschriften mit kürzeren Kündigungsfristen verbunden.

Tätigkeit des Arbeitnehmers

Ungeachtet dessen, dass bereits das Nachweisgesetz eine kurze Charakterisierung der Tätigkeit des Arbeitnehmers vorsieht, empfiehlt es sich, regelmäßig dessen Tätigkeitsbereich zu definieren. Denn der Arbeitnehmer ist nur verpflichtet, die vertraglich vereinbarte Tätigkeit zu erbringen und unterliegt auch nur in diesem Umfang dem Weisungsrecht des Arbeitgebers.

Arbeitsort

Als Arbeitsort ist der Ort im Vertrag definiert, an dem der Arbeitnehmer seine Arbeitsleistung zu erbringen hat. Ist die Aufgabe des Arbeitnehmers mit wechselnden Einsatzorten verbunden, so muss sich der Arbeitgeber dies im Arbeitsvertrag vorbehalten.

Arbeitszeit

Es sollte im Interesse beider Parteien liegen, die regelmäßige wöchentliche Arbeitszeit festzulegen. Regelungen, wonach der Arbeitgeber einseitig je nach Bedarf die Arbeitszeit des Arbeitnehmers bestimmen kann, sind jedoch unzulässig.

Urlaub

Nach dem Bundesurlaubsgesetz hat der Arbeitnehmer einen Mindesturlaubsanspruch von 24 Werktagen. Geltende Tarifverträge können einen höheren Urlaubsanspruch vorsehen. Darüber hinaus kann hier selbstverständlich auch einzelvertraglich ein höherer Urlaubsanspruch vereinbart werden. Beugen Sie Missverständnissen vor und unterscheiden Sie im Vertrag deutlich zwischen Arbeits- und Werktagen.

Arbeitsunfähigkeit wegen Krankheit

Der Anspruch des Arbeitnehmers auf Entgeltfortzahlung bei Arbeitsunfähigkeit wegen Krankheit ist zwingend im Entgeltfortzahlungsgesetz geregelt (vgl. im Übrigen die Ausführungen zur „Arbeitsunfähigkeit"). Da von seinen zwingenden Regelungen nicht zuungunsten des Arbeitnehmers (jederzeit allerdings zu seinen Gunsten) vertraglich abgewichen werden kann, bestehen in diesem Punkt kaum Gestaltungsmöglichkeiten. Ein Hinweis im Vertrag, dass sich Entgeltfortzahlung im Krankheitsfall nach dem Entgeltfortzahlungsgesetz richtet, reicht daher in der Regel aus. Gleichwohl kann es sich als Gedankenstütze empfehlen, den Arbeitnehmer im Arbeitsvertrag nochmals auf seine Anzeige- und Hinweispflichten nach dem Entgeltfortzahlungsgesetz hinzuweisen.

Nebentätigkeit

Der Arbeitnehmer muss grundsätzlich die Ausübung einer Nebentätigkeit nicht vom Arbeitgeber absegnen lassen. Der Arbeitgeber muss die Nebentätigkeit genehmigen, insofern sie nicht die Arbeitsleistung des Arbeitnehmers beeinträchtigt. Ein Verbot ist nicht zulässig.

Schweigepflicht

Besteht ein Arbeitsverhältnis, ist der Arbeitnehmer bereits verpflichtet, über Betriebsinterna Stillschweigen zu bewahren.
Eine Verpflichtung zur Verschwiegenheit für die Zeit nach dem Arbeitsverhältnis muss hingegen vertraglich vereinbart werden.

Kündigung

Kündigungsfristen sind gesetzlich und im Geltungsbereich der jeweiligen Vertragsart in der Regel festgelegt

6 Tipps für die ersten 100 Tage

Herzlichen Glückwunsch! Sie haben Ihren Arbeitgeber von sich überzeugt und die Stelle erhalten. Was Sie in den ersten 100 Tagen im neuen Job beachten müssen, erfahren Sie in diesem Kapitel.

6.1 Wie Sie mit Erwartungen umgehen

Der Eintritt als Führungskraft in ein neues Unternehmen ist eine Herausforderung auf vielen Ebenen, die Ihnen alles an Aufmerksamkeit abverlangt. Zunächst sind da Ihre eigenen Erwartungen an

- sich selbst,
- die Komplexität des Jobs in Ihrer neuen Rolle und Funktion,
- den neuen Vorgesetzten,
- die neuen Kollegen auf derselben Hierarchieebene,
- die neuen unterstellten Mitarbeiter,
- die unbekannte Organisation und möglicherweise
- eine neue Branche in einem neuen Wettbewerbsumfeld.

Viele Führungskräfte, die in einen neuen Job starten, formulieren ihre eigenen Erwartungen ungefähr so:

- „Zeig von Anfang an, dass Du die Führung übernimmst – für den ersten Eindruck gibt es keine zweite Chance!"
- „Streng Dich an, damit alle sehen, dass Du gut bist."
- „Sei perfekt im Ganzen und im Detail."
- „Konzentriere Dich auf die neue Aufgabe, um schnell zu Ergebnissen zu kommen."

Diese Anforderungen an Sie selbst können eine echte Belastung sein, denn die Anfangssituation ist gerade dadurch gekennzeichnet, dass sie unbekannt ist. Sie können also nicht vorhersagen, was das beste Handeln sein wird, mit dem Sie Ihren eigenen und den Ansprüchen anderer gerecht werden.

Lernen Sie Ihr Umfeld und Ihren Job kennen

Das Unternehmen hat Sie eingestellt, damit Sie ein Problem lösen, das in der bisherigen Struktur und mit den ehemaligen Führungspersönlichkeiten nicht befriedigend gelöst werden konnte. Sie haben Zielvorgaben, an denen Sie gemessen werden, und es gilt, das Richtige auf angemessene Weise zu tun, um zu überzeugen. Der Start ist jedoch eine „Gleichung mit vielen Unbekannten“. Deshalb ist es wichtig, dass Sie die Situation zunächst kennen lernen, analysieren und keine voreiligen Entscheidungen treffen.

Alles ist neu

Der neue Vorgesetzte zählt auf Ihre Unterstützung. Er hat ausgesprochene und unausgesprochene Erwartungen an Sie, die Ihre Leistung, Ihre Ergebnisse, Ihre Loyalität und die Schnelligkeit Ihrer Integration betreffen.
Die Kollegen auf derselben Führungsebene betrachten Sie neugierig und vielleicht auch misstrauisch in Ihrer neuen Funktion: Was für ein Verhältnis haben Sie zum Chef? Wie stehen Sie zu ihnen, den Kollegen? Wie machen Sie Ihren Job? Wie schnell adaptieren Sie die herrschenden Spielregeln?
Ebenso hegen Ihre neuen Mitarbeiter Erwartungen und Befürchtungen: Machen Sie – der Neue – weiter wie bisher oder werden Sie alles verändern? Und wenn Sie alles verändern, was passiert dann mit dem einzelnen Mitarbeiter? Können Sie die Probleme überhaupt lösen? Welchen Führungsstil haben Sie? Wie vertreten Sie die Abteilung im Unternehmen?

Nehmen Sie die Situation an

Die Ausgangssituation ist also eine Herausforderung: Sie haben noch keine Orientierung. Ihnen ist noch nicht klar, welches Wissen Sie benötigen, um die Probleme zu lösen. Sie müssen erst herausfinden, wer die wichtigen Verbündeten und Gegenspieler sind, wie Sie Ihre Mitarbeiter für sich gewinnen, wie Sie Ihren Vorgesetzten für sich einnehmen und welche Spielregeln im neuen Unternehmen gelten.
Diese unklare äußere Situation macht Sie innerlich unsicher. Versuchen Sie deshalb, Klarheit in der Unklarheit zu schaffen und Sicher-

heit in der Unsicherheit zu gewinnen – das ist die Kernkompetenz beim Führungswechsel.

Kienbaum-Expertentipp

Die beste Strategie ist, diese Ausgangssituation anzunehmen und sie nicht zu negieren. Sich unsicher zu fühlen ist zwar vielen Menschen unangenehm, aber für die Reflexion komplexer sachlicher Problemstellungen und das Handeln innerhalb differenzierter personeller Strukturen im Unternehmen eine unabdingbare Voraussetzung, um Themen, Konstellationen und Spielregeln mit all ihren Facetten wirklich kennen zu lernen.

Beispiel: Die Integration in das neue Unternehmen

Herr B. sollte als Geschäftsführer in einem Familienunternehmen der Reinigungsbranche den internationalen Vertrieb aufbauen. Das Unternehmen ist einer der „Hidden Champions" in seinem Segment mit eindeutigem Wachstumspotenzial. Herr B. hatte von vornherein die Sympathie des Seniorchefs und dessen Sohnes, während die übrigen Abteilungsleiter ihn eher misstrauisch betrachteten. Sein Ziel war, sich die Unsicherheit, die er zu Anfang verspürte, nicht anmerken zu lassen.

Erste Maßnahmen und Ergebnisse

Mit vorgeblicher Sicherheit baute er nach seinem Start die Vertriebsabteilung zügig um, legte Zuständigkeiten neu fest und war sich der Zustimmung der Familienoberen sicher. Niemand sprach ihn je darauf an, wie er selbst und sein Handeln im Unternehmen wirkten. Er ging davon aus, dass sich alles optimal und im Konsens mit der Firmenleitung entwickelte. Seine Maßnahmen zeigten erste Erfolge und als er vom Seniorchef kurz vor Ende der Probezeit zum Gespräch gebeten wurde, erwartete er Worte der Bestätigung und Anerkennung. Sein Erstaunen war groß, als er die Kündigung mit einer – so erschien es ihm – eher vorgeschobenen Begründung erhielt.

Unterschiedliche Sichtweisen

Der Seniorchef begründete die Kündigung mit zwei Aspekten, die als „unpassend" angesehen wurden. Herrn B.s stets gute Laune sei ein Ärgernis im eher disziplinierten Unternehmen und es sei unüblich, von zu Hause aus und nicht vom Büro aus zu Geschäftsreisen ins Ausland aufzubrechen. Herr B. war wie vor den Kopf geschlagen. Wie konnte es sein, dass diese „Kleinigkeiten" zu einer Beendigung des Arbeitsverhältnisses geführt hatten? Wieso hatte ihn nie jemand darauf angesprochen? Warum zählten die sachlichen Erfolge der neuen Vertriebsabteilung weniger als sein persönliches Verhalten? Wie hatte die anfängliche Sympathie der Familie in eine Kündigung münden können?

Was war passiert?

Herr B. hatte versäumt, neben der gezielten Neuorganisation der Vertriebsabteilung auf seine eigene adäquate Integration in das Unternehmen zu achten. Darüber hinaus hatte er nie Gespräche geführt, die über sachliche Themen hinausgingen. Sein Credo war, ausschließlich durch Leistung zu überzeugen und nicht durch „Small Talk", wie er es nannte. Unsicherheit zu zeigen und zunächst vorsichtig zu agieren war nicht seine Sache. Eher analysierte er schnell für sich die Situation und setzte das als richtig Erkannte konsequent und zeitnah um. Natürlich gibt es Unternehmen, die den Stil von Herrn B. sehr zu schätzen wüssten, aber eben nicht dieses.

Wie Sie vorgehen sollten

Es ist eine Möglichkeit, sich einen Arbeitgeber für zukünftige Einsätze zu suchen, der den eigenen Stil akzeptiert, so wie er ist. Die zweite Möglichkeit ist jedoch für eine langfristige, vielfältige Karriere tragfähiger: Eignen Sie sich die situative Kompetenz an, die notwendig ist, um auf unterschiedliche Situationen und Rahmenbedingungen flexibel und adäquat zu reagieren. Dazu gehören schnelles Handeln und konsequentes Umsetzen des als richtig Erkannten genauso wie das sinnvolle Zögern, das kluge Analysieren und das Abstimmen von Maßnahmen mit anderen Stakeholdern.

Kommunizieren Sie

Neben der Orientierung auf Ihre Aufgaben sollten Sie unbedingt mit den wichtigen internen und externen Geschäftspartnern kommunizieren. Dies ist keinesfalls „verschwendete Zeit". Je nach Situation müssen Führungskräfte sehr kreativ und flexibel auf sich verändernde Rahmenbedingungen reagieren und mit unterschiedlichen Charakteren und Menschen aus wechselnden Kulturkreisen zusammenarbeiten können. Die Komplexität der Märkte und die Dynamik in Unternehmen stellen Sie täglich vor immer neue Herausforderungen, die „im Alleingang" nicht sinnvoll zu bewältigen sind.

Beispiel: Falsches Verhalten im neuen Job

Herr B. hat seine anfängliche Unsicherheit beiseite geschoben, um schnell und sicher reagieren zu können. Dabei hat er offensichtlich wichtige Signale seiner Umgebung ausgeblendet. Hätte er zugelassen, sich unsicher zu fühlen, wäre er wachsamer und aufnahmefähiger für sich und seine Umgebung gewesen. Herr B. hat sich also ein Handlungsmuster angeeignet, um das Gefühl der Unsicherheit nicht spüren zu müssen, und hat genau dadurch seine Isolation und anschließende Kündigung mit ausgelöst.

Reflektieren Sie Ihr Verhalten

Beim Wechsel in ein neues Unternehmen sollten Sie also – neben der Besinnung auf Ihre Stärken, Fähigkeiten, Kompetenzen und Erfolge, die Sie mit diesem Buch optimal erarbeitet haben – über Ihren Umgang mit Veränderung, mit Neuem, Unbekanntem und über die damit einhergehenden Gefühle sowie Ihre bevorzugten Reaktionen darauf nachdenken.

Kienbaum-Expertentipp

Lernen Sie Ihr bevorzugtes Handlungsmuster in unsicheren Situationen genau kennen und erweitern Sie bewusst Ihre Handlungsspielräume.

Bevor Sie in den neuen Job starten, beantworten Sie zunächst die folgenden **Leitfragen zur Selbstreflexion** für sich:

- Welche Erwartungen haben Sie an sich, wenn Sie als Führungskraft in ein neues Unternehmen eintreten?
- Von welchen Gedanken und Gefühlen ist der Schritt ins Unbekannte begleitet?
- Was gestehen Sie sich zu, was verbieten Sie sich?
- Wie haben Sie bisher auf ein neues Unternehmensumfeld reagiert?

- Was ist Ihr bevorzugtes Handlungsmuster für komplexe Situationen?
- Was tun Sie, um Ihre Rolle und Funktion als Führungskraft sichtbar zu machen?
- Was tun Sie, um andere zu beeindrucken?
- Worum beneiden Sie andere?
- Wodurch kann man Sie verunsichern?
- Worüber regen Sie sich auf?
- Wie reagieren Sie, wenn Sie etwas nicht wissen?
- Welche Ihrer Stärken werden gleich zu Anfang, welche erst nach einer gewissen Zeit sichtbar?
- Was versuchen Sie in der neuen Umgebung auf jeden Fall zu verbergen?

Verstellen Sie sich nicht

Gehen Sie über Ihre Unsicherheiten nicht einfach hinweg. Manager, die das Gefühl der Unsicherheit mit vorgeblicher Sicherheit überspielen, die unklare Situationen mit scheinbarer Klarheit schnell „lösen" wollen, zeigen nur, dass sie die innere und äußere Spannung nicht aushalten. Durch vorschnelles Agieren wird die innere Spannung zwar gelöst und weicht dem Gefühl, alles „im Griff" zu haben, aber nach außen hin rächt sich dieses Vorgehen: Fakten werden ausgeblendet, Ihr Blick verengt sich, Ihre Mitarbeiter und Kollegen fühlen sich nicht wahrgenommen und einbezogen, es gibt erste unzufriedene Stimmen. Bemerken Sie all dies nicht, sprechen Sie sich nicht mit den anderen Beteiligten aus und stimmen Sie sich nicht mit Ihrem neuen Vorgesetzten ab, so entsteht der Eindruck, dass Sie – der Neue – „im Alleingang" handeln.
Deshalb kommt es beim Start in den neuen Job darauf an, dass Sie sich kennen, Ihre Handlungsspielräume erweitern, aber auch wahrnehmen und verstehen, wie Ihr Umfeld auf Sie reagiert. Das betrifft sowohl Ihre neue Aufgabe, Ihre Rolle und Funktion als Führungskraft als auch Ihren Kontakt zu Mitarbeitern, Kollegen und Ihrem Vorgesetzten.

Kienbaum-Expertentipp

Suchen Sie von Anfang an und auf jeder Ebene Schlüsselpersonen, mit denen Sie den Prozess Ihrer Integration ins Unternehmen thematisieren.

6.2 Bilden Sie Netzwerke

Da Ihre Integration ein Prozess ist, sollte es nicht bei einem einzigen Gespräch mit den Schlüsselpersonen Ihres Vertrauens bleiben. Das sind Menschen, mit denen Sie einen engen, dauerhaften Kontakt pflegen und die auch später, nach abgeschlossener Integration, wichtige Impuls- und Ratgeber für Sie sein werden. Versuchen Sie, ein stabiles Netzwerk innerhalb des Unternehmens zu bilden, auf das Sie zählen können und das Sie in schwierigen Situationen unterstützt.

Sprechen Sie mit Vorgesetzten, Kollegen und Mitarbeitern

Diese Gespräche helfen Ihnen in den ersten 100 Tagen, Wichtiges von Unwichtigem zu trennen, Schlüsselbeziehungen zu entwickeln, die relevanten Stakeholder innerhalb und außerhalb des Unternehmens kennen zu lernen, eine Vision zu entwickeln, die tragfähig ist, sich mit den übergeordneten Entscheidern über Strategie und Führungsstil zu verständigen, aber auch die Gegenspieler mit ihrer jeweiligen Lobby zu identifizieren. Im Folgenden finden Sie Fragen, die wir für diese Gespräche empfehlen.

Leitfragen für das Gespräch mit Ihrem Vorgesetzten, mit Kollegen und Mitarbeitern

- Wie erleben Sie mich in meiner neuen Aufgabe? Was nehme ich wahr, was habe ich noch nicht gesehen? Was ist aus Ihrer Sicht für mich wichtig zu wissen, zu bemerken, anzusprechen, anzupacken? Wie bewerten Sie meine Sicht der Dinge? Was raten Sie mir für die nächsten Wochen?
- Wie wirke ich als Führungskraft bisher auf Sie? Was fällt Ihnen auf? Was ist ungewohnt für Sie? Was bewerten Sie positiv? Was raten Sie mir für die nächsten Wochen?
- Wie erleben Sie unseren Kontakt, unsere Kommunikation? Was fällt Ihnen schwer im Umgang mit mir, was fällt Ihnen leicht? Was raten Sie mir für die nächsten Wochen?
- Wie sehen Sie meine Rolle innerhalb des Unternehmens? Wo bin ich schon angekommen, wo noch nicht? Mit wem sollte ich stär-

ker in Kontakt treten? Was raten Sie mir für die nächsten Wochen?

Zusätzliche Fragen für das Gespräch mit Ihrem Vorgesetzten

- Was sind die wichtigsten Ziele für das erste halbe Jahr? Was ist mein konkreter Auftrag? Was daran ist offen kommunizierbar, was nicht?
- Sind das Ziele, die meine Vorgänger bereits erreichen wollten, oder sind sie neu?
- Falls die Ziele bereits bestanden: Welche Maßnahmen wurden von meinen Vorgängern ergriffen, um diese Ziele zu erreichen?
- Wie haben sich diese Maßnahmen auf die Mitarbeiter, das Unternehmen insgesamt, die Kundenbeziehungen und den Markt ausgewirkt?
- Wo sehen Sie meine Handlungsprioritäten in den ersten 100 Tagen hinsichtlich der Themen
  - Organisation und Prozesse,
  - Technologie und Investitionen,
  - Finanzen bzw. Kosten und Ergebnisse,
  - Personalstruktur und -entwicklung,
  - Markt und Kunden?
- Welche Bereiche sind besonders wichtig, welche sind unter Umständen zu vernachlässigen?
- Wo sehen Sie Wachstumstreiber und Erfolgshebel?
- Wie lauten Ihre persönlichen Ziele (als CEO, als Geschäftsführer, als Aufsichtsrat, als Gesellschafter) für meine ersten 100 Tage im Unternehmen?
- Was möchten Sie erreicht haben, wenn ich meinen Job gut gemacht habe?
- Woran werden Sie konkret merken, dass ich erfolgreich bin?

Die Vorteile Ihres Netzwerks

Das Netzwerk ist Ihr Korrektiv, falls Sie

- zu viel Zeit zur Orientierung brauchen,
- sich zu sehr auf die Aufgabe und zu wenig auf die Entwicklung vertrauensvoller Arbeitsbeziehungen konzentrieren,

- an zu vielen Ansätzen gleichzeitig ohne überzeugende Strategie arbeiten,
- die undifferenzierten Erwartungen Ihres Vorgesetzten nicht hinterfragen,
- ohne echten Auftrag handeln oder
- sich zu sehr auf Veränderung fokussieren

und damit das Bedürfnis der Mitarbeiter nach Orientierung, Struktur, Stabilität und Sicherheit vernachlässigen.

Kienbaum-Expertentipp

Bauen Sie auch außerhalb des Unternehmens **Schlüsselbeziehungen zu den wichtigen Lieferanten, Kunden und Multiplikatoren** auf. Thematisieren Sie bewusst die Historie des Unternehmens, die aktuelle Marktsituation, die Aktivitäten wichtiger Wettbewerber und die Erwartungen an Sie als Führungskraft in Ihrer neuen Rolle und Funktion.

Die Vielfalt an Einschätzungen, Rückmeldungen, Wahrnehmungen, Erwartungen und Aufträgen, die Sie erhalten, ergibt eine Art Landkarte, in der Sie nun Ihren eigenen Weg suchen und definieren können. Betrachten Sie die Feedbacks als subjektiv, als eine Sicht auf die Wirklichkeit, als Anregung für die Gestaltung Ihrer eigenen Strategie und keinesfalls als To-do-Liste, die unkritisch umgesetzt werden sollte.

Erstellen Sie Soziogramme

Jede Organisation hat ein eigenes System der Kommunikation und es ist für Neue nicht immer leicht, die Verflechtungen, Koalitionen, Abgrenzungen, Sympathien und Antipathien zu durchschauen. Ein hilfreiches Instrument, um das Beziehungsnetzwerk sichtbar zu machen, ist das Soziogramm – ein Abbild der Beziehungen zu Vorgesetzten, Kollegen, Mitarbeitern und eine Bewertung ihrer Qualität. Ein Soziogramm ist ein Mittel zur Analyse des Integrationsprozesses, zur eigenen Standortbestimmung, ein Medium der Beziehungsanalyse, ein Instrument zur Identifikation von schwierigen Themen in Teams und eine Visualisierung der individuellen Erlebens- und Handlungsmuster – kein Lösungstool. Aber mit dem „Blick von

außen“ werden wichtige Themen sichtbar und Sie können entscheiden, ob und wie Sie sie angehen wollen.
Das Visualisierungsinstrument hilft Ihnen auch in schwierigen Anfangssituationen: beispielsweise wenn Ihr Vorgänger noch im Unternehmen ist und sich für die bessere Führungskraft hält, wenn Sie vom Kollegen zum Vorgesetzten aufgestiegen sind und die Beziehungen zu den Kollegen sich entsprechend Ihrer neuen Rolle verändern müssen oder wenn Sie der Nachfolger eines wichtigen Vorbilds sind und in die großen Schuhe erst hineinwachsen müssen.

Kienbaum-Expertentipp

Machen Sie sich in diesen Fällen im wahrsten Sinne des Wortes Ihr Bild der Situation und behalten Sie im Blick, wie sich Ihre Position im Unternehmen von Woche zu Woche verändert.

Beispiel: Das Beziehungsnetzwerk im Unternehmen

Herr Dr. J. kommt neu als Vorstand in ein mittelständisches Produktionsunternehmen. Seine Integration kann er zunächst nur oberflächlich beschreiben. Zur weiterführenden Differenzierung und Analyse nutzt er das Soziogramm und konzentriert sich zunächst auf drei Bereiche: auf die Gesellschafter und den Aufsichtsrat, auf den Vorstandsvorsitzenden und die Vorstandskollegen sowie auf die ihm direkt unterstellten Geschäftsführer der verschiedenen deutschen und europäischen Standorte.

Soziogramm Gesellschafter und Aufsichtsrat

Herr Dr. J. kennt inzwischen alle Mitglieder des sechsköpfigen Aufsichtsrats. Zu Herrn FJ, der neu in den Kreis aufgenommen wurde, hat er einen guten Kontakt. Mit ihm diskutiert er seine Einschätzungen der Unternehmenssituation. Zu den anderen Mitgliedern ist seine Beziehung eher lose, zu Frau NB ist das Verhältnis gespannt. Auf beiden Seiten gibt es keine Wertschätzung.
Frau NB hat nur zu einem weiteren Aufsichtsratsmitglied einen guten Kontakt, zu allen anderen ist der Kontakt eher lose und zu Herrn FJ ist der Kontakt ebenfalls eher belastet.
Die beiden Herren RH und HE verstehen sich sehr gut, stimmen meist gemeinsam für oder gegen die Tagesordnungspunkte der

Agenda, ihre Ehefrauen sind befreundet und ihre Kinder besuchen dieselbe Klasse der europäischen Schule des gemeinsamen Wohnortes.
Herr KJ hat zu den beiden Herren RH und HE einen guten Kontakt. Herr SR hat einen guten Kontakt zu dem neuen Mitglied, Herrn FJ, und zu den beiden Herren RH und HE.

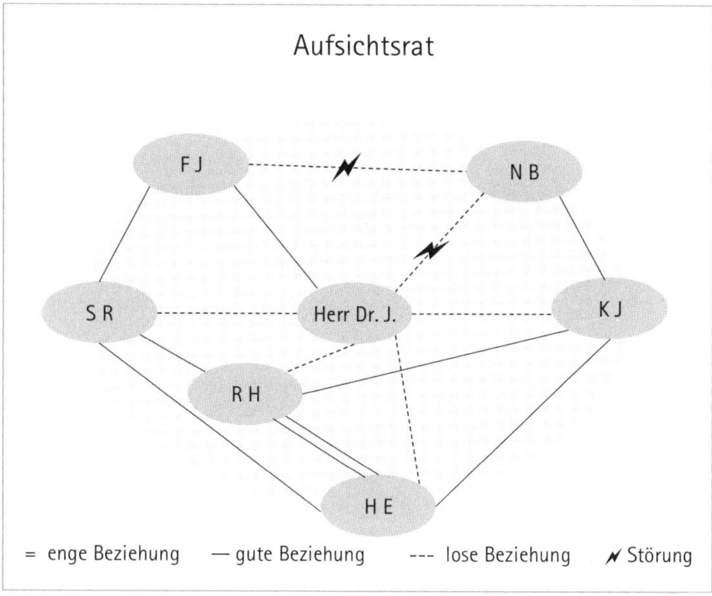

Abbildung: Soziogramm Gesellschafter und Aufsichtsrat

Im Bild fällt Herrn Dr. J. zum ersten Mal auf, dass er selbst bisher nur zu Herrn FJ einen guten Kontakt aufgebaut hat, der seinerseits zusätzlich nur zu Herrn SR eine gute Kommunikation pflegt. Beide Herren, die sowohl im Vorstand als auch im Aufsichtsrat neu sind, haben sich im Gremium eher einseitig vernetzt. Ihre Integration steht noch am Anfang. Eine Schlussfolgerung für Herrn Dr. J. könnte sein, dass er die Beziehung zu weiteren Aufsichtsratsmitgliedern suchen und intensivieren sollte.
Anmerkung: Das Schaubild ist die Sichtweise von Herrn Dr. J. und sagt noch nichts darüber aus, wie die anderen beteiligten Personen den Kontakt zu ihm einschätzen. Deshalb ist eine weitere Option,

das Soziogramm um die Rückmeldungen der Dialogpartner zu ergänzen, um zu verstehen, wie weit die eigene Integration ins Unternehmen aus Sicht dieses Gremiums schon geglückt ist und was gegebenenfalls noch fehlt.

Soziogramm Vorstand

Herr Dr. J. ist Mitglied in einem vierköpfigen Vorstand, der neben ihm aus dem Vorstandsvorsitzenden, Herrn EG, und seinen beiden Kollegen, Frau NZ und Herrn AT, besteht.
Zu Herrn AT ist der Kontakt sachlich und persönlich sehr gut. Der kaufmännische Kollege teilt die Einschätzungen von Herrn Dr. J. zur Entwicklung des Unternehmens und beide machen sich für eine Restrukturierung stark.
Der Kontakt zum Vorstandsvorsitzenden ist ambivalent. Gute und konstruktive Gespräche wechseln sich ab mit Misstrauen und Distanz, da Herr EG die Restrukturierungspläne sehr kritisch betrachtet.
Der Kontakt zu Frau NZ ist sehr lose – sie steht als Vorstand Personal dem Projekt Restrukturierung ablehnend gegenüber.

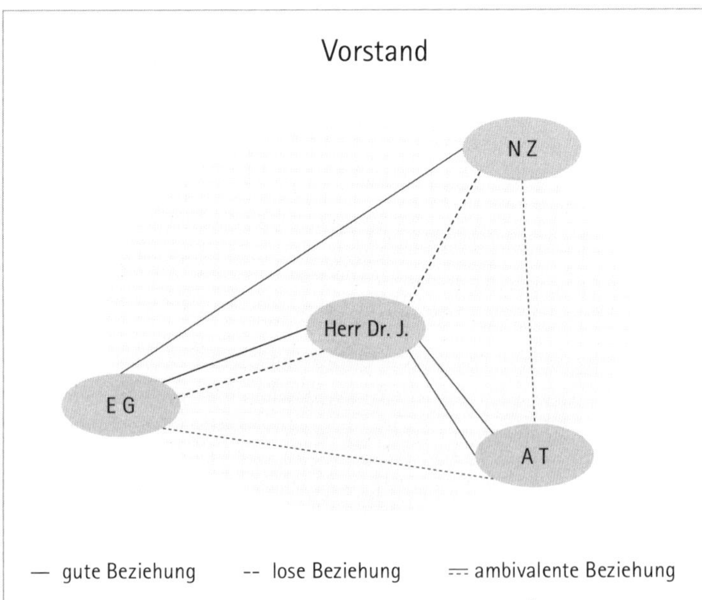

Abbildung: Soziogramm Vorstand

Da sich das Unternehmen in einer zunehmend schwierigen Ertragssituation befindet und der Vorstandsvorsitzende aktuell keine Integrationskraft hat, tut sich das Gremium schwer, eine gemeinsame, nach außen identifizierbare Linie zu entwickeln. Die umstrittenen Themen werden bei der Analyse des Soziogramms in ihrer Brisanz sehr deutlich.

Anmerkung: Eine Handlungsvariante wäre, das Bild in die nächste Vorstandssitzung mitzunehmen, die Sichtweisen der anderen Mitglieder auf die aktuelle Situation zu erfragen und die Auswirkungen der unzureichenden Kommunikation angesichts der angespannten Unternehmenssituation offen zu thematisieren.

In der Integrationsphase, aber auch später ist es stets sinnvoll, nach Mitstreitern und Verbündeten zu suchen und nicht isoliert zu agieren. Formulieren Sie Ihre Beobachtungen gemeinsam mit anderen Mitgliedern des Gremiums als Gesprächsangebot, damit sich ein konstruktiver Dialog und kein destruktiver Prozess der Polarisierung entwickelt.

Soziogramm Geschäftsführer der Standorte

Herrn Dr. J. sind in Frankreich drei Geschäftsführer an verschiedenen Standorten unterstellt, in Polen vier, in Düsseldorf zwei und in Berlin einer. Mit den Düsseldorfern hatte er bereits bei seinem ersten Besuch einen Dissens. Der Kontakt zu dem Berliner Geschäftsführer ist aus seiner Sicht gut, während die Geschäftsführer in Polen und Frankreich eher eine Art neutrales Cluster in seiner Wahrnehmung bilden.

Das Soziogramm auf der folgenden Seite zeigt, dass Herr Dr. J. zwar die Standorte und Länder im Blick hat, nicht aber die einzelnen Geschäftsführer als Personen. Auf die Frage, wie das kommt, antwortet er Folgendes: Es hilft ihm, die Menschen nicht so genau wahrzunehmen, wenn Restrukturierungen anstehen, weil es dann besonders schmerzt, sich von ihnen trennen zu müssen. Hier zeigt sich ein sachliches Dilemma und ein persönliches Handlungsmuster von Herrn Dr. J.: Er meidet die enge Zusammenarbeit und den Kontakt zu allen ihm unterstellten Geschäftsführern, weil er weiß, dass er sich von einzelnen trennen wird. Vermutlich spüren die ihm unterstellten Führungskräfte diese Distanz und reagieren darauf.

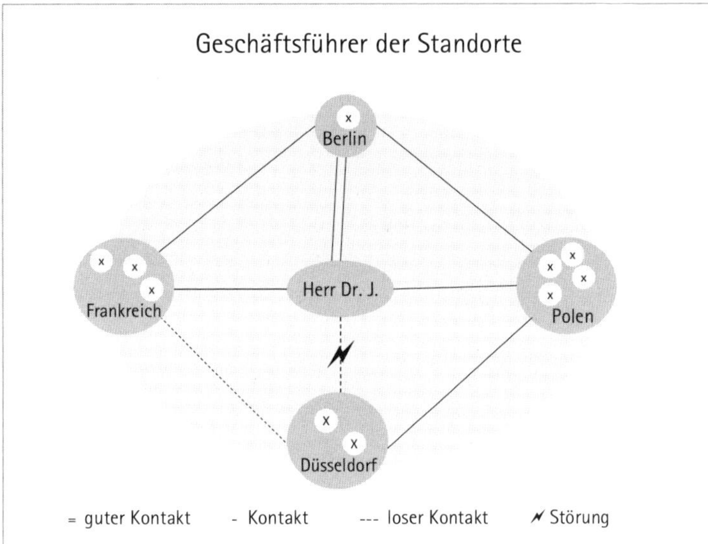

Abbildung: Soziogramm Geschäftsführer der Standorte

Durch die bildliche Darstellung wird das Thema sichtbar und Herr Dr. J. kann sich überlegen, was er braucht, um angesichts der schwierigen Situation dennoch mit den Geschäftsführern zusammenzuarbeiten. Andernfalls gefährdet er seine Integration in das Unternehmen und seine Autorität als Führungskraft.

Ihre innere Grundhaltung für eine gute Integration

Sie wollen sich gut ins neue Unternehmen integrieren, Ihre Mitarbeiter motivieren und sie zu guten Leistungen führen, die Kollegen und Ihren Vorgesetzten für sich gewinnen, die neue Herausforderung konstruktiv managen, Veränderungen anstoßen und begleiten, die Weiterentwicklung des Unternehmens fördern und bei all dem persönliche Zeichen setzen. Sie haben sich viel vorgenommen und wollen den Erfolg. Doch je mehr Druck Sie ausüben, desto weniger gelingt die Umsetzung. Je stärker Sie sich und andere anspornen, umso verkrampfter werden Sie nach innen und wirken Sie nach außen. Die beste innere Haltung in der Begegnung mit neuen Unternehmen, neuen Menschen, neuen Aufgaben und neuen Herausforderungen ist ein Höchstmaß an Aufmerksamkeit, eine gute Wahrnehmung und Flexibilität.

Wer den Blick angesichts des Unbekannten, Neuen nicht verengt, sondern weitet, wird komplexe Situationen gut bewältigen und sich auch mit anderen stets verständigen können. Damit ist nicht gemeint, auf eigene Standpunkte und Meinungen zu verzichten, aber sehr wohl, sie aus verschiedenen Perspektiven zu betrachten und die eigene Position nicht grundsätzlich stärker zu gewichten als die Meinung anderer Beteiligter.

Kienbaum-Expertentipp

Wenn Sie sich bei diesem Prozess Unterstützung wünschen, sprechen Sie uns an. Das so genannte Onboarding Coaching – die Begleitung und Hilfe bei der Integration während der ersten 100 Tage im neuen Unternehmen – bieten wir sowohl im Rahmen unserer NewPlacement-Dienstleistung (siehe S. 111) als auch separat an mehreren Standorten an.

Kienbaum-Arbeitsmittel

Im Anhang haben wir für Sie Kienbaum-Arbeitsmittel zusammengestellt, die Sie sofort einsetzen können. Sie finden auf den folgenden Seiten:

Kienbaum-Vorlage: Selbsteinschätzung

	Ausprägung						
	schwach						stark
Eigenschaft	0	1	2	3	4	5	6
authentisch							
belastbar							
beharrlich							
begeisterungsfähig							
einfühlsam							
entschlossen							
agil							
sozial							
ausgegelichen							
gewissenhaft							
schnelle Auffassungsgabe							
tiefe Fachkenntnis							
Organisator							
kommunikationsfreudig							
konfliktfähig							
kreativ							
fordert sich selbst							
analytisch							
sympathisch							
durchsetzugsstark							
zielstrebig							
zuverlässig							
unkonventionell							
offen							
optimistisch							
pragmatisch/handlungsorientiert							
reflektiert							

Kienbaum-Vorlage: Fremdeinschätzung

	Ausprägung						
	schwach						**stark**
Eigenschaft	0	1	2	3	4	5	6
authentisch							
belastbar							
beharrlich							
begeisterungsfähig							
einfühlsam							
entschlossen							
agil							
sozial							
ausgegelichen							
gewissenhaft							
schnelle Auffassungsgabe							
tiefe Fachkenntnis							
Organisator							
kommunikationsfreudig							
konfliktfähig							
kreativ							
fordert sich selbst							
analytisch							
sympathisch							
durchsetzugsstark							
zielstrebig							
zuverlässig							
unkonventionell							
offen							
optimistisch							
pragmatisch/handlungsorientiert							
reflektiert							

Kienbaum-Vorlage: Was Sie gern tun und gut können

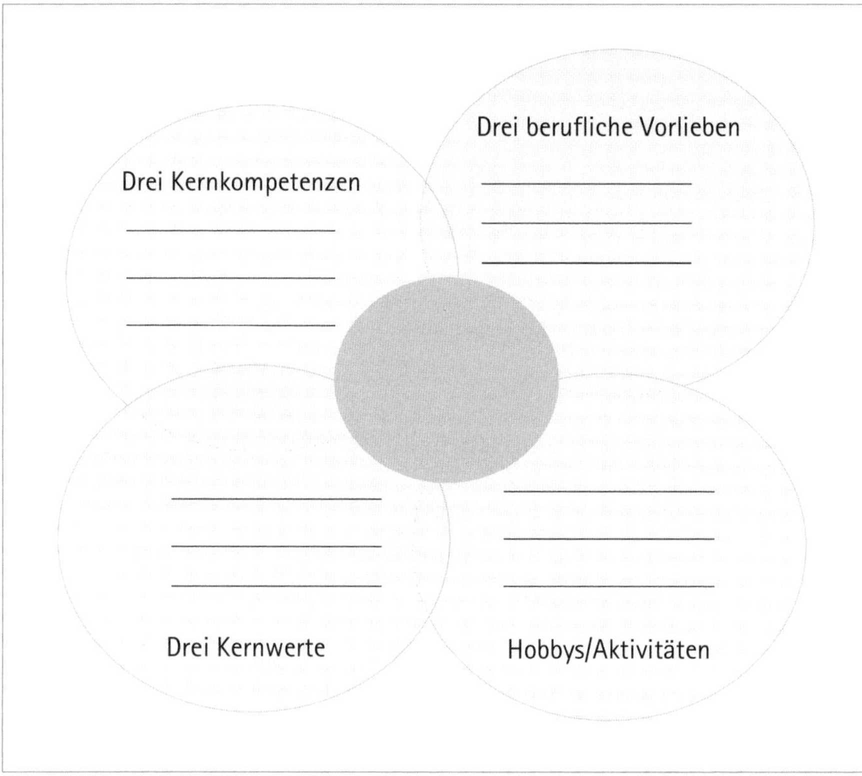

Meine Ergebnisse

Kienbaum-Vorlage: Meine Berufswünsche und ihre Bedeutung

Alter/Berufsziele	Bedeutung heute
10-20 Jahre __________ __________ __________	
20-30 Jahre __________ __________ __________	
30-40 Jahre __________ __________ __________	
40-50 Jahre __________ __________ __________	
50-60 Jahre __________ __________ __________	

Kienbaum-Vorlage: Meine Zielpositionen und ihr Mehrwert

Zielgruppen	Mein Mehrwert als Problemlöser
Zielbranchen	**Mein Erfahrungshintergrund**
Zielpositionen	**Meine Kompetenzen**

Kienbaum-Vorlage: Branchen- und Positionsmatrix

	identische Aufgabe	ähnliche Aufgabe	neue Aufgabe
Zielbranche Prio A			
Zielbranche Prio B			
Jetzige Branche			

Kienbaum-Vorlage: Beurteilung meiner Optionen

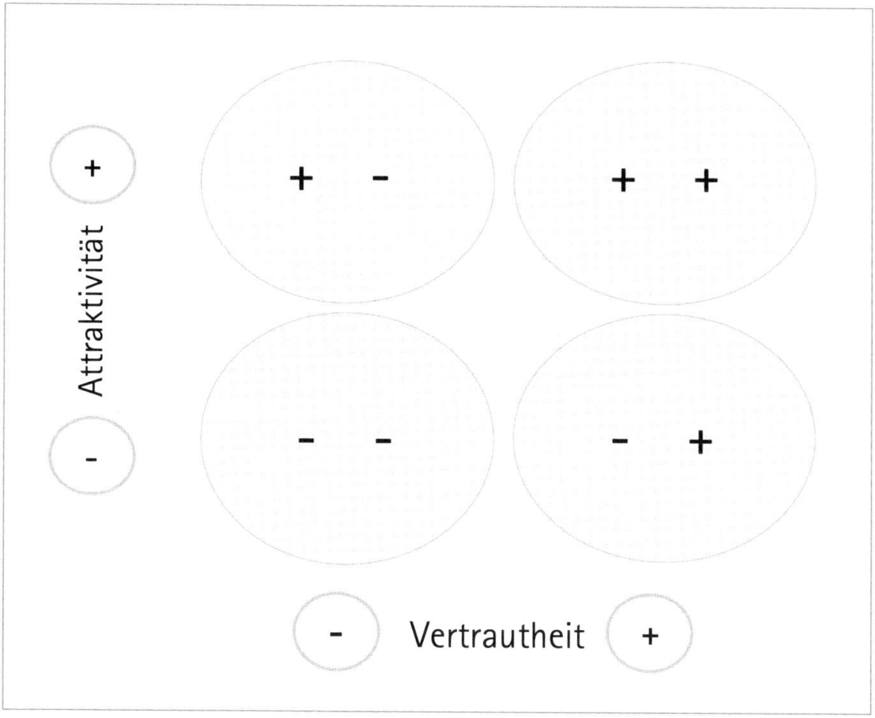

Meine Ergebnisse

Kienbaum-Vorlage: Meine STARs

Situation Schildern Sie eine Situation, in der Sie Veränderungen initiiert haben.	**Task** Was war dabei Ihre konkrete Aufgabe?	**Action** Wie sind Sie bei der Lösung der Aufgabe vorgegangen, was genau haben Sie gemacht?	**Result** Welches Ergebnis haben Sie damit am Ende erzielt?
Situation 1			
Situation 2			
Situation 3			
Situation 4			
Situation 5			

Kienbaum-Checkliste: Wie Sie Ihre MIM-Story gestalten	
Welche Aussagen über Ihre Person sind für den Zuhörer interessant? Heben Sie besonders Relevantes hervor. Zum Beispiel: Ihre private Situation, Ausbildung bzw. Studium, wichtige Stationen und Erfolge im Berufsleben (ohne Monats- und Jahreszahlen!), Ihre heutige berufliche Situation	
[Ihre Notizen]	
Was zeichnet Sie aus? Nennen Sie gezielt passende berufliche Erfolge und Kompetenzen.	
[Ihre Notizen]	
Was möchten Sie erreichen? Woran möchten Sie anknüpfen?	
[Ihre Notizen]	
Was sind Ihre persönlichen Ziele?	
[Ihre Notizen]	
Nennen Sie auch Ziele für das Unternehmen! Zum Beispiel „Ich möchte mithelfen bei der Realisierung von ...", „Ich möchte einen Beitrag leisten zur Verbesserung des ..."	
[Ihre Notizen]	

Kienbaum-Checkliste: So sieht eine gelungene MIM-Story aus	
Eine gute MIM-Story ...	
• dauert nicht länger als zwei Minuten	
• spannt einen Bogen von „Wo komme ich her?“ über „Was biete ich?“ bis „Wo will ich hin?“	
• ist klar gegliedert – auch bei den Ausführungen zur eigenen Person	
• macht den Zuhörer neugierig auf Sie und überzeugt ihn von Ihrem Nutzen	
• ist bei konkreten Vakanzen am Anforderungsprofil ausgerichtet	
• ist geprägt von positiven Erfahrungen und passenden Kompetenzen	
• ist empfängerorientiert	
• schafft die Grundlage für ein effektives Gespräch und lädt zum Nachhaken ein	
• bietet einen nachvollziehbaren und schlüssigen roten Faden	

Checkliste: Was Ihr Arbeitszeugnis enthalten sollte	
Wie wird das Zeugnis überschrieben? z. B. Zwischenzeugnis, Zeugnis, Arbeitszeugnis	
Mit welchem Satz beginnt das Zeugnis? Mit Ihrem Namen oder ihren persönlichen Daten oder mit der Dauer des Arbeitsverhältnisses?	
Wie werden Ihre Aufgaben und Fachkenntnisse beschrieben? Position, Hierarchie, Aufgaben, Kompetenzen, Verantwortung	
Leistungsbeurteilung Wie wird Ihre Leistung hinsichtlich der vier Faktoren Motivation, Leistungsbereitschaft, Arbeitsstil und Erfolge beurteilt?	
Motivation • Identifikation • Engagement, Dynamik • Initiative • Pflichtbewusstsein • Zielstrebigkeit • Fleiß • Interesse • Einsatzbereitschaft • Bereitschaft zu Mehrarbeit	
Leistungsbereitschaft • Belastbarkeit • Ausdauer • Stressstabilität • Flexibilität • Auffassungsgabe • Denkvermögen • Urteilsvermögen • Kreativität • Fachwissen • Weiterbildungsbereitschaft	

Arbeitstil • Sorgfalt • Zuverlässigkeit • Systematik • Methodik • Planung • Selbstständigkeit • Eigenverantwortlichkeit • Arbeitssicherheit • Sauberkeit	
Erfolge • Arbeitsqualität • Verwertbarkeit • Arbeitsquantität und Intensität der Arbeit	
Wie wird Ihr Führungsstil beurteilt? Führungsumfang, Betriebsklima, Mitarbeiterleistung, Mitarbeiterzufriedenheit	
Welche Aussagen gibt es zum Verhalten? Verhalten gegenüber Vorgesetzten, Kollegen und Kunden	
Wie drückt sich der Grad der Zufriedenheit insgesamt aus? Grad und Kontinuität der Zufriedenheit	
Wie endet das Zeugnis? Schlussformel, Zeitpunkt und Grund des Ausscheidens, Dankes- und Bedauerns-Formel, Verständnis, Empfehlung, Zukunftswünsche	
Unterschrift Ausstellungsdatum, Unterschriften, Stempel	

Kienbaum-Formular: Stellenanzeigen analysieren

Elemente	Aussage der Stellenanzeige	Was ist noch zu klären?
Unternehmen und Branche		
Aufgaben		

Elemente	Aussage der Stellenanzeige	Was ist noch zu klären?
Fachliche Anforderungen: • Ausbildungshintergrund • Berufserfahrung • Führungserfahrung • Sprach- und EDV-Kenntnisse		
Persönliche Anforderungen		
Abschlussinformationen		

Kienbaum-Formular: Gleichen Sie Ihr Profil mit den Anforderungen der Stellenanzeige ab			
Elemente	**Aussage der Stellenanzeige**	**K.-o.-Kriterium Ja/Nein?**	**Was bieten Sie an?**
Unternehmen und Branche			
Aufgaben			
Fachliche Anforderungen: • Ausbildungshintergrund • Berufserfahrung • Führungserfahrung • Sprach- und EDV-Kenntnisse			
Persönliche Anforderungen			
Abschlussinformationen			

Kienbaum-Checkliste: So gelingt Ihnen ein überzeugendes Anschreiben	
Finden Sie einen packenden Einstieg.	
[Ihre Notizen]	
Erläutern Sie in zwei bis drei Sätzen den Grund für Ihre Bewerbung bei der jeweiligen Firma bzw. Ihre Motivation.	
[Ihre Notizen]	
Stellen Sie Ihren wesentlichen Nutzen für das Unternehmen heraus.	
Nennen Sie dazu • wichtige bisherige Tätigkeiten im Überblick, • besondere Fähigkeiten, Kenntnisse und fachspezifische Qualifikationen sowie • Soft Skills.	
[Ihre Notizen]	
Falls in der Anzeige erbeten, liefern Sie auch Zusatzinformationen wie Ihre Gehaltsvorstellung und den frühestmöglichen Eintrittstermin.	
[Ihre Notizen]	
Finden Sie eine gelungene Verabschiedung.	
[Ihre Notizen]	
Vergessen Sie nicht Ihre Unterschrift.	

Kienbaum-Checkliste: Bestandteile eines Anschreibens	
Stimmen Absender, Anschrift, Datum und Betreffzeile?	
Richtet sich das Anschreiben an den richtigen Ansprechpartner?	
Haben Sie Bezug genommen auf das Vorabtelefonat?	
Argumentieren Sie von den Anforderungen der angestrebten Stelle her?	
Ist Ihr Schreiben frei von Bewertungen, Problemen und Vorwürfen (gegen Ihren ehemaligen/gegenwärtigen Arbeitgeber)?	
Wenn Sie einen Trennungsgrund angeben: Ist er plausibel?	
Haben Sie STARs in der Kurzform eingebaut?	
Wenn Führungserfahrung gefragt ist: Sind Sie in einem separaten Satz darauf eingegangen?	
Ist Ihr Anschreiben auch für Laien lesbar? Schreiben Sie Klartext?	
Erkennt der Leser, dass Sie Ihr Profil mit dem Stellenprofil abgeglichen haben?	
Wenn nach Ihrer Gehaltsvorstellung und dem frühestmöglichen Eintrittstermin gefragt wurde: Haben Sie diese Informationen berücksichtigt?	
Stimmen Schriftgröße und Gliederung? Ist die Schriftart dieselbe wie im Lebenslauf?	
Haben Sie unterschrieben und gegebenenfalls die Anlagen aufgelistet?	

Kienbaum-Checkliste: E-Mail-Bewerbung
Ist der Betreff eindeutig?
[Ihre Notizen]
Senden Sie an die E-Mail-Adresse des relevanten Ansprechpartners?
[Ihre Notizen]
Ist die gesamte E-Mail nicht größer als vier Megabyte?
[Ihre Notizen]
Sind die Anhänge sauber und gut druckbar eingescannt?
[Ihre Notizen]
Stimmt die Reihenfolge der Anhänge?
[Ihre Notizen]
Sind die Anhänge eindeutig benannt?
[Ihre Notizen]
Haben Sie auf Zip-, Excel- und andere problematische Dateiformate verzichtet?
[Ihre Notizen]
Wurden Anschreiben und Anhänge auf Tippfehler geprüft?
[Ihre Notizen]
Haben Sie die Lesebestätigung deaktiviert?
[Ihre Notizen]
Sind Ihre vollständigen Kontaktdaten in den Unterlagen enthalten?
[Ihre Notizen]
Haben Sie die Bewerbung zur Kontrolle vorab an Ihre eigene E-Mail-Adresse geschickt?
[Ihre Notizen]

Kienbaum-Fragenkatalog: So finden Sie den richtigen Personalberater	
Fragen zum Anbieter	
Wie groß ist das Unternehmen?	
[Ihre Notizen]	
An welchen Standorten wird die Dienstleistung angeboten?	
[Ihre Notizen]	
Welche Reputation hat das Unternehmen am Markt?	
[Ihre Notizen]	
Wie lange bietet es die Dienstleistung bereits an?	
[Ihre Notizen]	
Bei größeren Organisationen: Gibt es weitere Geschäftsbereiche? Wie ist die Dienstleistung in diese eingebettet? Wo gibt es Synergien?	
[Ihre Notizen]	
Mit welchen Unternehmen arbeitet der Anbieter zusammen? Welche Referenzen gibt es?	
[Ihre Notizen]	

Wie werden die Vertraulichkeit Ihrer Daten und die Loyalität Ihnen gegenüber vom Anbieter sichergestellt?	
[Ihre Notizen]	
Lehnt der Anbieter Aufträge ab, die zu Interessenskonflikten führen können?	
[Ihre Notizen]	
Wie hoch ist die Erfolgsquote bei Kandidaten, die über einen vergleichbaren Zeitraum beraten wurden?	
[Ihre Notizen]	
Fragen zum Leistungsportfolio	
Über welche diagnostische Kompetenz verfügt der Anbieter?	
[Ihre Notizen]	
Wie kann er sie nachweisen?	
[Ihre Notizen]	
Wie groß ist das Team, das den Market Research begleitend zur Beratung durchführt?	
[Ihre Notizen]	
Wie lässt sich diese Unterstützung qualitativ beschreiben?	
[Ihre Notizen]	

An welchen Workshops und Veranstaltungen können Sie teilnehmen?	
[Ihre Notizen]	
Wie individuell oder standardisiert sind die Veranstaltungen?	
[Ihre Notizen]	
Werden Sie vom Berater zu externen Veranstaltungen eingeladen, persönlich begleitet und dort anderen Gesprächspartnern vorgestellt?	
[Ihre Notizen]	
Welche Kooperation mit Headhuntern gibt es?	
[Ihre Notizen]	
Über welche nachgewiesenen Unternehmenskontakte verfügt der Anbieter?	
[Ihre Notizen]	
Wie können Sie Kontakt zu diesen Unternehmen aufnehmen?	
[Ihre Notizen]	
Wie sieht der professionelle Büroservice aus?	
[Ihre Notizen]	

Wechseln die Ansprechpartner, die Sie unterstützen, oder haben Sie auch beim Büroservice eine Person, mit der Sie kontinuierlich zusammenarbeiten?	
[Ihre Notizen]	
Erhalten Sie ein Handbuch zur beruflichen Neuorientierung?	
[Ihre Notizen]	
Gibt es Native Speaker für die internationale Beratung, die mit Ihnen CV und Cover Letter inhaltlich entwickeln und gestalten sowie ein Interviewtraining durchführen?	
[Ihre Notizen]	
Können Sie ein Einzelbüro nutzen?	
[Ihre Notizen]	
Sind die technischen Voraussetzungen wie Zugang zum Internet usw. in den Räumen des Anbieters gegeben?	
[Ihre Notizen]	
Fragen zur fachlichen Kompetenz des Beraters	
Wie alt sind Sie? (Es gilt das Prinzip der Seniorität – der Berater sollte nicht sehr viel jünger sein als Sie.)	
[Ihre Notizen]	
Wie lange sind Sie bereits in der Beratung zur beruflichen Neuorientierung tätig?	
[Ihre Notizen]	

Welche Organisationskompetenz, Management- und Personalerfahrungen bringen Sie durch Ihren beruflichen Werdegang mit?	
[Ihre Notizen]	
Haben Sie Führungserfahrung? In welchem Umfang? Wo waren Sie und wie lange?	
[Ihre Notizen]	
Welche Branchen kennen Sie besonders gut?	
[Ihre Notizen]	
Was wissen Sie über die Branche, in der ich tätig bin?	
[Ihre Notizen]	
Haben Sie bereits Kandidaten beraten, die in dieser Branche tätig waren? Wie viele?	
[Ihre Notizen]	
Welche Referenzen können Sie nennen, die ich dazu befragen darf?	
[Ihre Notizen]	
Wie stellen Sie die Aktualität Ihrer Informationen über den regionalen, nationalen und internationalen Arbeitsmarkt sicher?	
[Ihre Notizen]	

Welche Zugangswege zum Arbeitsmarkt kennen Sie?	
[Ihre Notizen]	
Wann werde ich am Markt sein und mich aktiv bewerben können?	
[Ihre Notizen]	
Wie ist Ihr persönliches Kontaktnetz beschaffen?	
[Ihre Notizen]	
Wie stellen Sie dessen Aktualität und Relevanz sicher?	
[Ihre Notizen]	
Über welche Sprachkenntnisse verfügen Sie?	
[Ihre Notizen]	
Welche interkulturellen Kompetenzen haben Sie?	
[Ihre Notizen]	
Fragen zur methodischen Kompetenz des Beraters	
Haben Sie eine Trainer-, Berater- oder Coachingausbildung?	
[Ihre Notizen]	

Welchen Umfang hatten diese Ausbildungen?	
[Ihre Notizen]	
Welche Fortbildungen und Weiterbildungsveranstaltungen haben Sie speziell zum Thema Beratung besucht?	
[Ihre Notizen]	
Wie lange liegen diese Veranstaltungen zurück?	
[Ihre Notizen]	
Welche besuchen Sie aktuell?	
[Ihre Notizen]	
Reflektieren Sie Ihr beraterisches Handeln und Ihre Qualität durch regelmäßige Supervision oder kollegiale Intervision?	
[Ihre Notizen]	
Haben Sie eine Spezialisierung? Welche?	
[Ihre Notizen]	
Wie beschreiben Sie Ihre Arbeitsweise in der Beratung zur beruflichen Neuorientierung?	
[Ihre Notizen]	

Mit welchen Methoden und Tools arbeiten Sie am liebsten?	
[Ihre Notizen]	
Was können Sie besonders gut? Womit tun Sie sich schwer?	
[Ihre Notizen]	
Gab es einen Beratungsfall, an dem Sie gescheitert sind? Welchen?	
[Ihre Notizen]	
Wo lag Ihr größter Erfolg? Welcher war das?	
[Ihre Notizen]	
Fragen zur persönlichen und sozialen Kompetenz des Beraters	
Hören Sie während des Erstgesprächs in sich hinein: Wie wirkt der Berater persönlich auf Sie?	
[Ihre Notizen]	
Stimmt die Chemie zwischen Ihnen?	
[Ihre Notizen]	
Wie genau hört er Ihnen zu?	
[Ihre Notizen]	

Fühlen Sie sich von ihm verstanden?	
[Ihre Notizen]	
Wie würden Sie sich als Mensch beschreiben?	
[Ihre Notizen]	
Wie sieht Ihr Menschenbild aus?	
[Ihre Notizen]	
Welchen Werten fühlen Sie sich verbunden?	
[Ihre Notizen]	
Wie schätzen Sie meine Chancen auf dem Arbeitsmarkt ein?	
[Ihre Notizen]	
Warum glauben Sie, dass Sie der richtige Berater für mich sind und wir gut zusammenarbeiten werden?	
[Ihre Notizen]	
Fragen zur Erreichbarkeit des Beraters	
Wie häufig werden wir persönliche Beratungstermine verabreden?	
[Ihre Notizen]	

Wie flexibel sind die Dauer der Termine und die Intervalle?	
[Ihre Notizen]	
Wie kann ich Sie außerhalb der Beratungstermine erreichen?	
[Ihre Notizen]	
Wie schnell geben Sie mir ein Feedback, wenn ich Sie per E-Mail oder telefonisch kontaktiere?	
[Ihre Notizen]	
Stehen Sie in Ausnahmefällen auch am Wochenende zur Verfügung?	
[Ihre Notizen]	

Kienbaum-Vorlage: Daten zur Initiativbewerbung

Unternehmen	
Ansprechpartner	
Positionsbezeichnung des Ansprechpartners	
Kontaktdaten	
Datum der Initiativbewerbung	
Anmerkungen	
Wiedervorlage (Datum)	

Kienbaum-Checkliste: Erfolgsfaktoren eines Vorstellungsgesprächs	
Immer häufiger nutzen Entscheider das Telefon, um einen ersten Eindruck vom Bewerber zu erhalten. Seien Sie darauf vorbereitet!	
Kommen Sie pünktlich zum Gespräch.	
Seien Sie besonders nett zu den Angestellten des Sekretariats und bedanken Sie sich für den bisherigen angenehmen Schriftwechsel, die gute Wegbeschreibung etc.	
Die Smalltalk-Phase beginnt oft bereits vor dem eigentlichen Interview – nämlich dann, wenn Sie am Empfang von einem Unternehmensvertreter abgeholt und zum Gesprächsraum geführt werden.	
Guter Smalltalk hinterlässt immer einen positiven Eindruck. Außerdem legt sich dadurch Ihre eventuell vorhandene Aufregung. Am besten machen Sie sich bereits vorher Gedanken, welche Themen Sie anschneiden können.	
Seien Sie sich selbst gegenüber positiv eingestellt, denn Sie sind „Verkäufer" und „Produkt" zugleich. Machen Sie sich immer wieder bewusst, dass Sie etwas zu bieten haben.	
Seien Sie ein guter Zuhörer.	
Übernehmen Sie die Perspektive Ihres Gesprächspartners und stellen Sie sich auf seine Interessenlage ein.	
Bleiben Sie bei der Wahrheit – natürlich können Sie sie taktisch gut verpacken.	
Sichern Sie sich durch Nachfragen ab und antworten Sie so ausführlich wie nötig, aber so kurz wie möglich.	

Kienbaum-Checkliste: Bestandteile eines Interviews	
1. Kontaktphase	
• Begrüßung, „Warm Up", Gesprächseröffnung	
• Ziele: Vertrauen schaffen und Nervosität abbauen	
[Ihre Notizen]	
2. Interviewphase	
• Sie erzählen von sich. (Nutzen Sie gegebenenfalls die MIM-Story.)	
• Ihr Gesprächspartner hört zu und stellt Fragen, meist aus den Unterlagen heraus.	
• Er sammelt Informationen über Sie und lernt Sie kennen.	
[Ihre Notizen]	
3. Motivationsphase	
• Das Unternehmen wird präsentiert.	
• Ihnen werden die Funktion und Ihre Chancen und Perspektiven erläutert.	
• Sie hören aktiv zu und stellen Fragen.	
[Ihre Notizen]	
4. Situationsbezogene Fragen, Rollenspiele, Arbeitsproben etc.	
[Ihre Notizen]	
5. Diskussionsphase/Gesprächsabschluss	
• Mit Ihnen wird die Möglichkeit einer Zusammenarbeit diskutiert. Das Thema Gehalt wird immer vom Arbeitgeber angesprochen.	
• Beenden Sie das Gespräch nicht ohne eine konkrete Vereinbarung über das weitere Vorgehen.	
[Ihre Notizen]	

Kienbaum-Checkliste: Nachbereitung des Interviews	
Danken Sie Ihren Gesprächspartnern nochmals für das Gespräch. Durch ein Dankschreiben unterscheiden Sie sich erheblich von Ihren Mitbewerbern.	
[Ihre Notizen]	
Heben Sie noch einmal Ihre Kompetenzen und Erfolge hervor, die Sie als besonders wichtig für die Stelle erachten.	
[Ihre Notizen]	
Formulieren Sie überzeugend und demonstrieren Sie, dass Sie der festen Meinung sind, in diesem Unternehmen einen wichtigen Beitrag leisten zu können.	
[Ihre Notizen]	
Wenn Sie Ihr Vorstellungsgespräch mit einem Vertreter der Personalabteilung und einem einstellungsbefugten Vorgesetzten geführt haben, schreiben Sie nach Möglichkeit beiden einen Brief.	
[Ihre Notizen]	
Haben Sie das Gespräch mit drei oder mehr Personen geführt, schicken Sie nur dem einstellungsbefugten Vorgesetzten und dem Vertreter der Personalabteilung einen Brief.	
[Ihre Notizen]	
Sind Sie der Meinung, ein bestimmtes Thema wurde missverständlich behandelt? Dann sprechen Sie es in dem Brief noch einmal an. Wichtige Punkte, die Sie vergessen haben zu erwähnen, können Sie ebenfalls ergänzen.	
[Ihre Notizen]	

Autorinnen

Dr. Carolin Fischer, Dipl.-Psychologin, leitet den Bereich NewPlacement bei der Kienbaum Berlin GmbH als ausgewiesene Expertin. Sie promovierte auch über Beratungsverläufe von 700 Fach- und Führungskräften. Ihre Schwerpunkte liegen in der Beratung von Führungskräften im Bereich NewPlacement/Karriereberatung, in der Konzeption und Begleitung von Restrukturierungsprozessen (bis max. 2.000 Mitarbeitern) unter Einsatz aller Instrumente des NewPlacements sowie der Projektleitung von Transferagenturen/Transfergesellschaften.

Zornitza Ivanova, Dipl.-Psychologin, ist als Research Consultant bei Kienbaum Berlin GmbH tätig. Ihre Beratungsschwerpunkte liegen in den Bereichen NewPlacement/Karriereberatung sowie in Executive Search – internationale Suche und Auswahl von Fach- und Führungskräften.

Michaela Reimann, Literatur- und Kulturwissenschaftlerin (M.A.), baut als Seniorberaterin bei Kienbaum Executive Consultants GmbH in München den Geschäftsbereich NewPlacement aus. Davor leitete sie in einem renommierten Personalberatungsunternehmen ein Team von 15 Karriereberatern und verantwortete die gesamte Leistungspalette und Qualität der Beratung zur beruflichen Neuorientierung. Ihre Beratungsschwerpunkte liegen in den Bereichen NewPlacement/Karriereberatung und im Coaching von Führungskräften der ersten und zweiten Ebene.

Irina Wendler, Erziehungswissenschaftlerin (B.A.), ist als wissenschaftliche Mitarbeiterin bei Kienbaum Berlin GmbH tätig. Ihr Arbeitsschwerpunkt liegt im Bereich NewPlacement/Karriereberatung.

Abbildungsverzeichnis

Stichwortverzeichnis